激活城市活力

——中国式现代化背景下

城市更新与市地整理研究

蒋海宁　于　涛　陆新亚◎主编

九 州 出 版 社
JIUZHOUPRESS

图书在版编目（CIP）数据

激活城市活力：中国式现代化背景下城市更新与市
地整理研究 / 蒋海宁，于涛，陆新亚主编 . -- 北京：
九州出版社，2023.10
ISBN 978-7-5225-2288-3

Ⅰ . ①激… Ⅱ . ①蒋… ②于… ③陆… Ⅲ . ①城市规
划—研究—南京 Ⅳ . ① TU982.253.1

中国国家版本馆 CIP 数据核字（2023）第 195447 号

激活城市活力：中国式现代化背景下城市更新与市地整理研究

作　　者	蒋海宁　于　涛　陆新亚　主编
责任编辑	周红斌
出版发行	九州出版社
地　　址	北京市西城区阜外大街甲 35 号（100037）
发行电话	（010）68992190/3/5/6
网　　址	www.jiuzhoupress.com
印　　刷	北京亚吉飞数码科技有限公司
开　　本	710 毫米 ×1000 毫米　16 开
印　　张	14.75
字　　数	234 千字
版　　次	2024 年 4 月第 1 版
印　　次	2024 年 4 月第 1 次印刷
书　　号	ISBN 978-7-5225-2288-3
定　　价	87.00 元

编委会

主　编

蒋海宁（南京市土地整理和集体土地征收管理中心）
于　涛（南京市土地整理和集体土地征收管理中心）
陆新亚（南京市土地整理和集体土地征收管理中心）

副主编

徐志锐（南京市土地整理和集体土地征收管理中心）
孙玉杰（江苏省兰德土地工程技术有限公司）
付光辉（南京工业大学）

编 者

孙　晶（南京市土地整理和集体土地征收管理中心）
曹　佳（南京市土地整理和集体土地征收管理中心）
徐巍巍（南京市土地整理和集体土地征收管理中心）
芮华尧（南京市土地整理和集体土地征收管理中心）
吴　杰（南京市土地整理和集体土地征收管理中心）
顾惠宁（南京市土地整理和集体土地征收管理中心）
陈　琰（南京市土地整理和集体土地征收管理中心）
王　健（南京市土地整理和集体土地征收管理中心）
龚敏飞（江苏省兰德土地工程技术有限公司）
刘华荣（江苏苏信房地产评估咨询有限公司）
徐玉洁（江苏苏信房地产评估咨询有限公司）
马　伟（江苏苏信房地产评估咨询有限公司）
王　敏（南京万购信息科技有限公司）
王晨迪（南京工业大学）
陈立佳（南京工业大学）
杜晓庆（南京工业大学）
陈江涛（南京工业大学）
刘　星（南京工业大学）
周善博（南京工业大学）
叶媛媛（南京工业大学）
朱雨萱（南京工业大学）

前　言

　　在城市推进创新驱动和存量发展的背景下,城市的高质量发展成为当前阶段的新要求。高质量发展以"创新、协调、绿色、开放、共享"的理念为主,从产业、环境、人口等多方面对城市发展提出要求。在新型城镇化战略指导下,城市的快速发展与空间格局的构建提升了城市发展质量,对城市空间规划与管理体系的需求也更高。城市更新的目的是优化城市空间形态和改善城市功能,优质的城市更新是城市高质量可持续发展的基本保证,充分挖掘存量空间、提升空间资源配置效率是城市高质量可持续发展的核心要义。然而,当前城市更新行动难以实现城市建设用地的有效控制,在土地增值、开发建设用地、资金平衡等多方面存在明显的短板。当前我国土地整理工作的重心处于农用地的范畴内,较少考虑对城市建设用地、产业开发用地等的开发整理,由此造成了城市空间难以持续发展与用地稀缺的双重困境,但城市更新与市地整理的实践显示,城市更新与市地整理实施目标、实施效用和实施政策等多方面具有一致性,因此两者具有衔接的可能。中国式现代化理念的提出,对城市更新和市地整理均具有一定的导向作用,更对城市更新和市地整理的开展提出了多方位、高标准的严格要求。因此,探究中国式现代化背景下城市更新与市地整理的有效衔接路径是未来推进城市建设高质量发展的关键举措。

　　城市更新与市地整理均聚焦于城市建设,且市地整理作为城市土地资源配置的重要手段,是调节政府财政投资、公共空间、建设单位之间利益的杠杆,与城市存量更新有机衔接至关重要。2000年就有学者提出要将市地整理与旧城改造有机结合,通过理顺道路网、调整产业结构、改善居住条件和保护环境等措施优化土地结构,盘活存量土地。城市更新与市地整理是城市存量建设的重要手段,但两者的侧重点有所不同。市地整理是城市土地资源再调整的有效方案,侧重于实现土地利用由粗放型向集约型的思路转变,从而提升城市土地资源的利用效率。新时期城市更新有着更加多元的治理需求,如解决多元诉求和有限空间之间的矛盾、居民生活需要与空间品质之间的矛盾、城市建设与城市生态环境之间的矛盾等。

当前研究主要集中在城市更新与市地整理的衔接手段探索、模式创新等方面,而较少有研究基于两者间的运作异同,探寻其有效衔接的实践基础及融合机理,基于不同的更新类型提出具体的运作模式。鉴于此,本书深究城市更新与市地整理的衔接基础,从不同建筑分类视角对其发展模式与路径进行分析,并提出中国式现代化背景下城市更新与市地整理有效衔接的具体路径。从城市更新与市地整理有效衔接的科学内涵出发,深究实现两者有效衔接的内在逻辑与机理,从城市更新项目治理关键影响因素和老旧小区改造居民获得感的角度出发,深究其具体实现路径,以期为现阶段城市建设的政策制定与实践方案设计提供参考。

目 录

第 1 章　相关概念 ·· 1

1.1　概念辨析 ·· 1

1.2　城市更新与市地整理的比较分析 ·············· 7

1.3　作为城市更新主要类型的市地整理核心理念 ·········· 29

1.4　盈利性、公益性与微盈利性城市更新 ·············· 38

1.5　广义社会资本与城市更新中的社会资本 ·········· 40

第 2 章　城市更新项目治理影响因素研究 ··············· 42

2.1　市场化城市更新项目治理内容 ·············· 42

2.2　不同利益相关方角色定位及利益诉求 ·········· 46

2.3　城市更新项目治理影响因素识别 ·············· 48

2.4　城市更新项目治理影响因素模型构建及验证 ······· 57

2.5　南京市某城市更新项目项目治理影响因素分析 ····· 82

2.6　南京市某政府主导型城市更新项目
治理成效提升建议 ································· 86

2.7　本章小结 ·· 90

第 3 章　城市更新中老旧小区改造居民获得感评价研究 ······· 92

3.1　基于扎根理论的居民获得感评价指标体系建立 ······· 92

3.2　基于可拓物元法的居民获得感评价模型构建 ······· 106

3.3　实证分析：以南京市八个老旧小区为例 ·········· 112

3.4　本章小结 ·· 137

第 4 章　社会资本参与城市更新的影响因素与政府激励策略研究 ··· 139

4.1　社会资本参与城市更新的主要模式 ·············· 139

4.2 社会资本参与城市更新的影响因素识别 ……………… 141

4.3 系统动力学适用性分析 …………………………………… 150

4.4 社会资本参与城市更新的系统动力学模型构建 ……… 152

4.5 社会资本参与城市更新的影响因素权重系数计算 …… 158

4.6 社会资本参与城市更新的仿真分析与激励策略建议 … 173

4.7 本章小结 ……………………………………………………… 185

第5章　老旧小区改造协商治理影响因素与对策
研究——以南京市为例 …………………………………… 187

5.1 基于扎根理论的老旧小区改造协商治理影响因素识别 … 187

5.2 基于 ISM 的老旧小区改造协商治理
影响因素结构关系分析 ……………………………………… 199

5.3 基于 MICMAC 的老旧小区改造协商
治理影响因素优化对策 ……………………………………… 213

5.4 本章小结 ……………………………………………………… 227

第 1 章　相关概念

1.1　概念辨析

1.1.1 城市更新概念界定及相关概念

1.1.1.1 城市更新概念的界定

1858 年 8 月荷兰举行的第一届城市更新相关会议就有学者提出城市居民对所在居住区域周边的房屋、街道、绿地、公园等环境进行改造，从而改善生活环境、美化城市市容的活动均可以看作是城市更新活动。

在此之后，西方学者罗伯茨指出城市更新的目的是解决城市化进程中的综合性问题，通过城市更新的方法来改善城市生活中的经济、物质和环境等方面的内容。中国现代学者吴良镛从历史保护的角度指出城市更新是在维护城市整体性和关注城市历史文化保护的基础上进行适度规模的渐进式改造。通过分析欧洲西部国家城市更新方面的实践经验，并结合我国城市更新的现实情况，我国学者阳建强将城市更新定义为：城市更新是城市的自我调节，其目的是防止城市的衰败，通过不断地调整结构和功能，使得城市机能整体提升，从而让城市的发展适应经济社会发展的要求。[①]

由此看来，虽然国内外学者对城市更新的定义有所差别，但是其核

[①]　马璟琪.太原市钟楼街区城市更新项目风险管理研究 [D].郑州：河南财经政法大学，2022.

心观点基本一致,即城市更新是对城市建设区域内的衰落区进行综合整治,改变其原先的功能,或者将这一区域拆除重新修建,从而使得城市恢复繁荣与发展。

1.1.1.2 城市更新的概念演进

我国城市更新过程与西方国家大致相似,都经历了拆除重建、保护性更新等模式,因此在不同阶段,其概念表述也有所不同。

（1）城市重建

这一术语首次出现在美国1954年颁布的《住宅法》中。从那时开始,各个国家的城市更新才会用类似"修复旧城区"的表述,当时它主要注重的是物质形态的改造。而我国的城市重建则主要是战后的内城重建,在保留历史城市建设的基础上,主要围绕维持、恢复、改善市政工程,力求满足人们的基本生活需要,建设能够满足人们居住需求的新村。在保护环境,为人们生活带来方便的同时,还很大限度地保留历史建筑,取得了良好的效果。

（2）城市振兴

城市振兴作为一个过渡阶段,主要是为了重组现有的城市结构,尤其是在一些因经济落后而衰退的城市。城市振兴通常以改善城市环境为特征,如人行道的质量和社区的功能,根据城市振兴的预期用途,还能提供公园和博物馆等娱乐设施。这些项目主要是通过调整公用事业网络来满足特定的要求,为城市一些地区的发展规划做好相关准备,用来实现将来所需的经济功能。

（3）城市复兴

城市复兴是在20世纪90年代提出的,主要注重社区建设,90年代我国的经济已经有了一定的基础,但由于存在社会排斥问题,政府因此提出了"可持续发展"的思想,目的是构建平等的社会,实现可持续发展的多方合作,同时发挥社会作用,逐渐涉及城市更新的领域。城市复兴这一说法也沿用至今,其内涵包括文化创新、城市风貌重塑及功能空间重组,这也是循序渐进并且尊重人们意见,讲求物质经济与社会并重的一种模式。

（4）城市更新

现如今,城市更新已经成为城市重建的重要战略。如今的城市更新是一个改变地方经济和社会地理状况的过程,要求政府、社区以及私营部门必须采取一致的方法,其特点是通过大量的非物质干预以及经营活动,能够在最大程度上促进社会文化、环境和经济的建设,并且要求新的方针政策和计划框架与之相配套。

1.1.1.3 城市更新相关概念辨析

（1）旧城改造

旧城改造一般是指对城镇里的一些旧城区进行有计划的改造,其内容包括更新城市规划用地分区、城市环境、工业布局和公共服务设施等各个方面,其改造的速度要适应城市布局以及公共设施的维修需求。在这种模式下,中心区域一般都是恒定的,改造的主要是外沿的土地使用,其中有的被建设成新城市,有的则作为功能区供当地居民使用,不同建筑的功能分区必须结合当地的具体情况确定。主要通过拆除部分建筑和居民迁移等工作,保证旧城改造工作能够顺利进行,然后再重新设计和修缮旧城改造的基础设施。

（2）棚户区改造

棚户区改造是政府进行的一项改造危旧住房、提升困难群众生活水平的民心工程。2003 年,国务院发布了《关于加快棚户区改造的意见》;2004 年,在辽宁省的带头作用下,全国的棚户区改造工作有序开展。截至 2017 年,李克强总理在第十三届全国人大一次会议上指出,五年以来,棚户区住房改造达 2600 多万套;但 2019 年棚改套数只有 283.29万套,数量有了显著的减少。在改造范围上,2015 年国务院发布指令将城市危房也纳入棚户区改造的范围,因此棚户区的概念有了一定程度的扩大,既包括住房简陋、环境较差的狭义棚户区,也包括城中村、城市危房等国有工矿棚户区。

1.1.2 市地整理概念界定及相关概念

1.1.2.1 市地整理的概念界定

市地整理是对城市边缘地区与城市建成区内的闲置地和畸零破碎、杂乱不规则等使用不经济的土地,在道路、绿地、公园、水域、基础设施等方面进行整体改善,以提高城市土地利用率、优化城市景观布局、改善居住和生产条件。

市地整理是指在城市规划区内对经过长期历史变迁形成的城市土地利用布局,按城市发展规律和新时期城市发展的要求进行调整和改造。土地整理的产生主要是为了治理土地利用过于分散化、整体效益差和效率低等弊病。它是从城市规划和投资的需要出发,通过权属转移来重新界定地块的范围,达到改善并凸显其经济价值的目的。在经历若干年的演化以后,土地整理逐渐被纳入城市政府控制土地供给的政策体系,进而作为间接影响土地利用模式的手段和方法。

1.1.2.2 市地整理分类

市地整理的目标主要是为城市发展提供建设用地和提高土地资源的可持续利用率,因此,市地整理可以分为四个部分。

(1)改造旧城区。优化土地的利用结构,重新调整城市用地布局,开发旧城区的一些闲置或低效用地,完善各类基础设施建设,增加城市绿地面积等。

(2)推行"退二进三"战略。主要进行城市土地置换,通过不同区位的土地级差地租效益来进行产业转移,形成以第三产业用地为主的城市中心区,改善城市土地的配置效益。

(3)治理城市污染用地。主要完善城市绿地系统的建设,改善市内生态环境。

(4)改造城中村。要将一些位于市区或郊区的少量村落纳入城市土地管理的范围,需注重解决城中村在城市化过程中转型不彻底的问题。

1.1.3 老旧小区改造

老旧小区是指在 2000 年前后建成的,配套设施缺损、生态环境质量较差、管理服务制度缺乏、无法满足居民现代化居住需求的小区。居民对老旧小区具有很强烈的改造意愿,国家和政府对老旧小区改造工作予以大力支持。老旧小区改造是在社会基层治理中推进的具体改造工程,目的是让居民获得更好的居住条件和生活质量。老旧小区改造是建立在居民参与的基础上,在决策、改造过程以及改造结束以后的使用维护和评价的过程中,都需要居民的参与。

1.1.4 获得感

"获得感"是近几年出现的热词,学术界对获得感的相关研究方向及深度有限,目前尚无统一确定的内涵与概念界定。因此对获得感概念的界定既可以从整体上进行,也可以从具体领域来探讨,比如从教育获得、乡村旅游获得和收入获得等角度来界定。

本章通过对以往获得感内涵的研究文献进行梳理,将获得感定义为:指人民在改革发展的客观过程、结果及将来预期中,对自身物质获得及精神获得的主观感受和满意程度,在物质层面上有切实获得或者超过自身心理预期的获得,使得个体在主观层面上有了如幸福感、满足感等正向的心理感受。

1.1.4.1 获得感的具体内涵

(1)获得感应用范围强调改革发展过程,即获得感指在改革发展过程中人民获得某种利益之后的满足感受,强调改革发展成果更多更好地惠及人民。它是衡量发展质量、检验政策改革成败的试金石,是衡量改革发展成果的重要指标。获得感明确了评价主体是人民群众。因此,在老旧小区改造等改革发展政策中应用获得感评价政策实施效果是科学合理的。

(2)获得感涉及物质、精神上的内容,强调满足民生需求的感受,其中物质层面上包括经济收入、公共服务、生态环境等切实收获,精神层面上则指人民获得社会公平、社会保障、自我价值实现等满足感。

1.1.4.2 获得感的特征

（1）客观性与主观性相统一。居民获得感不仅代表客观获得利益所带来的主观感受，也代表主观获得精神利益所带来的满足感，是个人将生理和心理的健康状况、个人价值的实现与客观物质环境相结合的主观感受，因此获得感具有主观性与客观性相统一的特征。

（2）相对性。居民获得感是人们对于实际获得和收益在某一阶段的对比评价，同时也是居民将自身获得与其他人相对比的主观感知，因此居民获得感可分为横向获得感与纵向获得感，具有相对性的特点。

（3）多维性。获得感不是孤立的，而是多维的：不是暂时性的指标，而是兼顾长久性期待的考察。

综上所述，可以将城市更新中老旧小区居民获得感定义为：居民在城市更新中的老旧小区改造过程、改造结果及将来预期中，自身在物质与精神上所获得的满足感。这是评价改革发展的过程中政策实施效果和人民群众生活水平的指标。

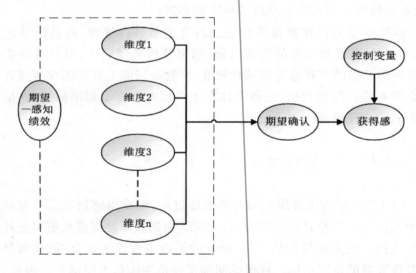

图1-1 居民获得感理论模型

1.2　城市更新与市地整理的比较分析

1.2.1 城市更新与市地整理的概念比较

1.2.1.1 城市更新概念

1949 年《美国住宅法》(*The Housing Act*) 中加入的"Urban redevelopment",可直译为"城市再发展",主要是针对市中心区的拆除重建。之后,"城市更新"作为一个专有名词被正式提出并引起广泛关注。1958 年 8 月,在荷兰海牙召开的城市更新第一次研讨会上,对城市更新做出了相对权威的界定,提出"有关城市改善的建设活动,就是'城市更新'(Urban renewal)",[1] 这一定义涵盖了西方国家的城市对所居住房屋的改造和周边商业、娱乐设施的改善,以满足城市居民对舒适、美好生活的期望,可以被定义为广义的城市建设活动。"城市更新"这一名词对应的英语概念包括"Urban redevelopment、Urban renewal、Urban regeneration、Urban renaissance"等,不同的概念又分别对应着人们对城市更新不同阶段的不同认识。

第二次世界大战后,欧美发达国家大多经历了大规模的城市重建和高速的城市化进程。为了重建被战争破坏的城市,解决大量移民的住房问题,同时应对家用汽车的迅猛发展,各国均开展了政府主导、以大规模拆除重建和清理贫民窟为主要模式的城市更新运动,以适应汽车时代的到来,推动城市经济的振兴,改善城市设施和环境问题。这一阶段的城市更新,主要目的是改善城市物质环境和解决功能缺失的问题,侧重于物质空间改善和复兴。正如 1985 年比森克(Buissink)在海牙召开的国际住房与规划联合会世界大会的会议报告中所提出的"城市更新是旨在修复衰败陈旧的城市物质构件,使其满足现代城市功能要求的一系

---

① 唐琪.城市更新政治演化及实施效果评价研究 [D].哈尔滨:哈尔滨工业大学,2020.

列建造行为"，^① 这是对狭义的城市更新在早期体现出单纯物质更新特征的深刻揭示。

20世纪七八十年代，为应对全球经济危机以及郊区化导致的内城衰败现象，城市更新被赋予了振兴城市经济的新任务，从此城市更新不再局限于单纯的物质层面。市场机制被引入城市更新过程中，通过强化政府与私有部门之间的合作来推动旧城开发，刺激城市经济发展，恢复城市中心区活力。

20世纪90年代，在可持续发展和人本主义理念的影响下，城市更新的目标和内涵进一步扩展到经济、社会、环境等更多的维度。城市更新更加注重人的需求，强调社区层面的公众参与，以渐进方式改进城市，强调以持续的、合作的、参与的方式合理解决城市问题，并寻求更加有效的管治手段和运行机制。

城市更新概念内涵的演化早在1977年英国《内城政策》白皮书中就初显端倪："城市更新是一种综合解决城市问题的方式，涉及经济、社会文化、政治与物质环境等方面，城市的更新不但与物质环境部门，亦与非物质环境部门联系密切。"^② 而英国城市更新协会最佳实践委员会主席罗伯茨（Peter Roberts）在2000年也提出："城市更新（urban regeneration）是用一种综合的、整体性的观念和行为来解决各种各样的城市问题，致力于通过经济、社会、物质环境等各个方面对变化中的城市和地区做出长远的、持续性的改善和提高。"^③

1999年，英国政府组织成立的"城市工作专题组"完成了《迈向城市的文艺复兴》（*Towards an Urban Renaissance*）研究报告，首次将"城市复兴"的意义提高到了等同于"文艺复兴"的历史高度。报告一经出台就产生了广泛影响，被称为"新世纪之交最重要的有关城市问题的纲领性文件之一"。报告指出，城市的复兴是要创造一种人们所期盼的高质量和具有持久活力的城市生活。此后，城市复兴作为一项重要的社会运动，引导了英国系统性的全方位政策设计。

随着城市复兴运动的开展，城市更新进一步强化了其综合舒适性，内涵更加丰富和深化，并且被认为是公共政策的重要组成部分，继而在

---

① 潘东燕.基于城市更新的旅游休闲公共空间演变研究[D].上海：上海师范大学，2016.
② 包亚明.城市更新的理念及其思考[J].探索与争鸣，2016（12）.
③ 翟斌庆，伍美琴.城市更新理念与中国城市现实[J].城市规划学刊，2009（03）.

西方城市发展中的地位和作用也提升到了一个更高的层次。

相较于西方国家,我国城市更新研究起步较晚。基于西方城市更新历史和经验,在 20 世纪 80 年代初期,陈占祥把城市更新定义为城市"新陈代谢"的过程。在这一过程中,更新途径涉及多方面,既有推倒重来的重建,也有对历史街区的保护和旧建筑的修复等。从西方的城市更新概念出发,自中华人民共和国成立之初的城市重建到现行的法律、行政法规规定的城市更新都可以算作是广义的城市更新。

我国城市更新理论最初并非是从理论研究开始的,而是建立在实践的基础之上,在解决我国城市发展中所出现的问题的过程中总结产生的。当中国城市经历了 20 世纪 80 年代的飞速发展后,很多城市问题开始显现,譬如历史街区的特色与地方文化在城市改造中的快速消失。吴良镛从城市"保护与发展"的角度,在 20 世纪 90 年代初提出了城市"有机更新"的概念。值得注意的是,它是针对城市历史环境的更新,但这个概念比较强调城市物质环境,而对与其相关的经济、社会、文化等方面涉及较少。2000 年以来,学者们开始注重城市建设的综合性与整体性,很多文章也提出对"城市更新"新的理解。

2020 年 12 月 29 日,住房和城乡建设部部长王蒙徽在《人民日报》发表署名文章《实施城市更新行动》,其归纳了城市更新的总体目标是"建设宜居城市、绿色城市、韧性城市、智慧城市、人文城市,不断提升城市居住环境质量、人民生活质量、城市竞争力,走出一条中国特色城市发展道路"。①

1.2.1.2 市地整理概念

19 世纪末期开始,市地整理作为城市规划的一个工具,在德国得到了广泛的应用,德国于 1953 年颁布了《土地整理法》,有效地推动了城市的发展和重建。从 20 世纪中后期开始,市地整理已经成为世界上许多国家城市发展建设,以及城市土地利用优化调整和景观重塑的重要途径之一。

不同的国家有不同的土地制度,甚至在同一国家的不同时期,市地整理的概念和内涵也存在差异,国内学者在城市土地整理概念的观点上

① 翟斌庆,伍美琴.城市更新理念与中国城市现实[J].城市规划学刊,2009(03).

也可谓见仁见智。夏显力等人认为,"城市土地整理是在城市规划区内,按城市发展规律和新时期城市发展的要求对城市土地利用布局进行的调整与改造。"[①] 张秀智将市地整理定义为,"政府作为城市土地的管理者,根据城市发展战略和城市规划,对城市土地利用现状组织或实施调整改造,以达到城市土地资源可持续利用目的的一种国家措施。"[②]

表1-1　中国台湾和国外的市地整理开展情况

国家地区	时间	整理方式 / 相关技术	法律依据	主要动因和目的
台湾地区	1937	市地重划	市地重划实施办法、平均地权条例、平均地权条例实施细则	旧市区更新、新市区开发建设、促进土地利用
日本	1899	土地区划整理（Kukaku Seiri）	土地区划整理法、市街地再开发法、新都市基础整理法	灾区重建、新镇开发、宅地供给、住宅环境改善
韩国	1934	土地区划整理（Land Read Justment）	土地区划整理事业法	灾区重建、住宅供给、促进土地利用
尼泊尔	1976	土地勘绘调整（Land Pooling）	土地取得法、城镇开发法	都市开发、加强土地管理
哥伦比亚	1989	土地重调（Read justede Tierras）	城镇改革法、国土开发法	城市更新、促进城市有序扩展
泰国	2005	土地共享（Land sharing）	土地重划法	贫民窟改造、新区建设

　　在我国,市地整理是政府作为城市土地的管理者,根据城市发展战略、趋势和规划,对城市土地利用现状进行的调整和改造,其目标是实现城市土地资源的可持续利用,实质上是通过合理组织城市土地开发,促使城市高效地、集约地、可持续地利用有限的土地资源,从而整体提高城市土地的收益率和经济承载能力。城市土地整理应贯彻经济效益、社会效益和生态效益相结合的原则,充分合理利用土地资源。

　　综合来讲,市地整理就是根据城市的发展趋势,对城市建成区内或城市边缘地区不规则的地形、地界和低经济效益的土地从内部要素、土地权属和土地收益等方面进行空间配置和重新组合,从而提高城市土地的利用效率,优化城市土地的合理布局。这是城市规划控制城市土地利

---

①　崔东娜.城市土地整理模式研究[D].哈尔滨:哈尔滨工业大学,2007.
②　同上。

用综合实施的有效手段。

1.2.1.3 概念比较

在概念上,无论是我国还是国外,城市更新和市地整理在社会、生态和经济层面上都具有一致的目标:改善城市基础设施,改善人居环境;优化城市功能,减少社会矛盾和问题;推进城市土地、能源、资源的节约与集约利用;优化产业结构,促进城市经济发展等。城市更新与市地整理也都需要借助国家政府的一定手段才能实现,即在行政、经济、法律和技术等方面采取各种措施,推进城市更新和市地整理工作的开展。但相较于城市更新,市地整理更加侧重于从城市土地利用角度对城市空间进行优化,无论是实施目的还是实施内容都更加注重土地资源的集约利用,而这一内容则涵盖于城市更新的概念之中,因此可以理解为城市更新的概念中包含了市地整理的概念,两者属于从属关系。

图 1-2 城市更新与市地整理的概念关系

1.2.2 城市更新与市地整理的内涵比较

1.2.2.1 城市更新的广义与狭义之分

上述分析中已经指出,城市更新是一种对城市中已经不适应现代化城市社会生活的地区进行必要的、有计划的改建的活动。总的来说包括拆除重建类、功能改变类和综合整治类三种内容。

表1-2　广义的城市更新的具体内容

城市更新类别	具体内容
拆除重建类城市更新	这类更新需要进行征收和拆迁,改造对象一般环境较差,安全隐患多,改造难度大,因而需要根据城市建设规划进行有计划的土地再开发,拆除符合改造条件的成片区,包括棚户区、旧村庄等
功能改变类城市更新	这类更新项目注重整体布局,促进产业转型及公共空间完善。为消除安全隐患、完善基础设施、实现建筑节能的需要,会对原有建筑物进行部分的改建
综合整治类城市更新	这类更新项目基本不涉及房屋拆建,通过整治改善,对基础设施等进行完善,活化历史建筑遗产,包括沿街立面翻新、改善消防设施等

随着城市研究的不断发展,人们逐渐认识到,城市是一个复杂、自组织的生命体,它是不断生长的,有细胞、组织、骨骼、神经,有循环系统、消化系统等。依据中国传统的"天人合一"思想,城市与生命体之间的对应关系更容易建立并加以比较。新陈代谢、自适应、应激性、生长发育和遗传变异,是生命体所具有的一系列典型特征,其中新陈代谢是最基本、最显著的现象。城市生命体通过持续的新陈代谢来实现正常运转,通过自适应机制和应急机制,不断应对内外部环境的变化,进行组织与自组织调节,以达到新的代谢平衡。在这个不断的自适应和应激调节过程中,城市的功能和结构不断进行演化,体现出遗传和变异的特征,整体呈现出螺旋向上的生命发展规律。广义层面上认为,这一新陈代谢的过程就是城市更新。通过城市更新,城市不断淘汰和替换与发展不相适应的功能、物质系统和载体等,以此维持城市的基本运转和持续生长。

在当前中国城市建设法律法规中,2009年深圳市第一次用"城市更新"取代"城市改造",并出台了《深圳市城市更新办法》,以规范当地的城市更新活动。这里的城市更新是为了缓解增量土地稀缺,盘活存量土地,与之前针对旧建筑物实体的物质改造又有不同,因为它不仅仅是物理空间的改造,还需要经济、文化、社区、产业等许多方面的配合来培育新的城市功能,也是对各种生态环境、文化环境、产业结构、功能业态、社会心理等软环境进行的延续与更新,是一种狭义的城市更新,即城市政府优化配置城市国土空间资源、提升城市功能、改善人文环境的综合整治活动。

我国的城市更新过程与西方国家相似,都经历了拆除重建、保护性

更新等模式,而随着近年来百姓需求的增加,城市更新的内涵也在不断
丰富。一是城市规划理念的转变。从吴良镛教授提出的"有机更新"到
2015 年中央城市工作会议上提出的针对城市更新单元的微改造,到如
今提出的规划整体片区改造政策,逐渐修复城市机理,反对推土机式的
重建。二是侧重社会和文化层面的需求,进行重视社区居民、重视文化、
重视公众参与的更新改造模式的探索。2021 年,《中华人民共和国国
民经济和社会发展第十四个五年规划和 2035 年远景目标纲要》首次将
"城市更新"上升为国家战略,提出了"加快转变城市发展方式""推动
城市空间结构优化和品质提升"的目标;同年,《国务院关于印发 2030
年前碳达峰行动方案的通知》提出城市更新领域"杜绝大拆大建"的要
求。在此基础上,住房和城乡建设部也进一步发文指出城市更新要"坚
持'留改拆'并举、以保留提升为主"等要求。

　　因此,高质量发展阶段开展的狭义城市更新并不包括棚户区改造等
拆除重建类更新,而是更侧重于"更新"二字,以保护和更新为主。旧城
改造中轰轰烈烈的大拆大建活动,虽然也属于城市更新的工作内容,但
在思路上还是片面追求增长和扩张,与大规模增量扩张在本质上并无差
异。此外,狭义城市更新在原先缓解增量土地稀缺、盘活存量土地的基
础上,对各种生态环境、文化环境、产业结构、功能业态、社会心理等软
环境进行了外延:一方面是对客观存在实体(建筑物等硬件)的改造;
另一方面是对各种生态环境、空间环境、文化环境、视觉环境、游憩环境
等的改造与延续,包括邻里的社会网络结构、心理定势、情感依恋等软
件的延续与更新。

1.2.2.2 城市更新实施内容

　　作为中国城市化转型发展的着力点,城市更新具有转变用地方式、
提高用地效益,加快产业转型升级、推进产城融合,促进人口城市化、共
享发展红利,保护城市文脉、创新文化业态等功能,同时也是探索城市
治理变革和发展制度转型的前沿阵地。我国的城市更新发展至今,涵
盖内容范围已经非常广泛:从小规模的单一建筑,到中等规模的一般地
块,再到大规模的连片项目。各种规模虽然同属于更新,但是相互之间
仍然有所区别。

　　小规模的更新项目,通常用地规模在 10000 平方米以下,仅为单一

建筑或由若干小建筑组成。属于小规模更新项目的有商业办公类的单一建筑改造,如南京百货大楼改造、苏州建筑设计院改造、深圳市友谊城改造等;历史街区中的更新项目,如北京南锣鼓巷、大栅栏,上海田子坊等地区内单栋旧建筑的改造;部分旧城住宅改造,如深圳市翠湖公寓城市更新单元,以及集贸市场、公交站场、幼儿园等公共设施更新。

中等规模的更新项目,通常用地规模在几公顷到几十公顷,即一到数个控规所划定的新增地块规模。这也是实践中常见的情形,是深圳更新单元的主流规模,如深圳市南山村城市更新单元,面积约为 25.97 公顷。

大规模的更新项目,用地规模在一平方公里以上。通常为政府主导的连片城市更新项目:旧工业区改造、重要地段连片改造等,如北京首钢地区、上海世博会城市最佳实践区、顺德区德胜河北岸连片改造等。

1.2.2.3 市地整理的内涵与实施内容

土地整理也可以分为广义和狭义两种:广义的土地整理包含农村用地整理和建设用地整理,即市地整理,而狭义的土地整理仅指农地整理。市地整理的内涵主要有以下几个方面:①市地整理是发展城市用地和优化城市土地利用的重要技术;②市地整理不仅包括土地利用的空间配置和土地利用内部要素的重新组合,还包括土地权属和土地收益的组合;③市地整理的实质是合理组织城市土地的开发利用,促进城市用地的有序化和集约化,提高土地的经济承载能力和土地收益率。在现有土地的基础上,优化城市用地结构,提高土地利用率,控制城市用地的盲目扩展,改善生态环境;④市地整理不仅协调自然过程,还协调社会经济过程,追求的是社会效益、经济效益、生态效益的统一。

城市土地整理虽然适用于绝大部分的城市新建或改建项目,但对于不同的项目及整理对象——城市土地类型,城市土地整理的方法会有一定的区别。根据这些区别,城市土地整理又可分为不同的应用模式。国外的市地整理主要分为四种模式:旧城改造模式,低收入居住区、贫民窟、非法聚集居住区改造模式,解决城市蔓延问题模式以及城市污染和工商业废弃地改造模式。

关于城市土地整理的范围,国内外学者的看法不同。国外城市土地整理的范围主要指城市规划区内和城市边缘区的待征用土地。我国台湾地区的市地重划对象也类似于国外,台湾地区市地重划的区域重点是新设都市地区的全部或一部分准备开发的区域,还有都市旧区中为改善公共安全、公共卫生、公共交通以及促进土地合理利用而需要进行市地重划的某些区位。国内学者黄绿箔、马才学认为城市土地整理的对象范围重点应该是既定的城市空间,即城市建成区内的存量土地。夏显力认为城市土地整理的范围应该是城市规划区内的土地,重点指城市规划区内要征用的农业用地。

综合几种对城市土地整理范围的看法,城市建成区内的存量土地整理的主要内容为:①改造旧城区,包括开发或再开发旧城区闲置与低效用地,完善各项基础设施建设,增加城市绿地及开敞空间等;②推行"退二进三";进行城市土地置换,利用不同区位的土地级差地租效益进行产业转移和企业搬迁,形成城市中心区以第三产业用地为主的合理的用地结构,提高城市土地配置效益;③治理城市污染用地,加强城市绿地系统的建设,改善城市生态环境;④改造城中村,解决其在城市化过程中转型不彻底的问题。待征用的增量土地整理主要内容为完善各项基础设施建设,优化生态环境,对闲置土地、待征农地的开发和权属进行调整,适当将尚有部分农业用地的村落纳入城市土地统一管理的范畴,控制城市无序蔓延;⑤开展低效用地整治。产权混乱、畸零细碎、配套破旧以及用地效率低的城市土地,即"乱、碎、旧、低"是城市土地整理的调整对象。

1.2.2.4 狭义城市更新与市地整理的关系

城市更新和市地整理工作均致力于提高城市公共服务能力,完善城市基础设施覆盖,均对产业升级和转型产生重要的推动作用。但现在开展的狭义城市更新开始注重人本因素,顾全城市发展中的多元利益统筹;市地整理则侧重于发挥土地潜在价值,实现土地价值的带动作用。因此从内涵上讲,城市更新的内涵已经超过了市地整理,涵盖了历史、人文方面的意义,而市地整理局限于城市空间形态本身以及社会经济等方面,可以说城市更新已经涵盖了市地整理的内容。

在具体实施内容上,市地整理所包含的五项主要实施内容均包含在广义城市更新内容当中,尤其是旧城更新和改造城中村均属于城市更新的重点工作,但狭义的城市更新与市地整理属于交集关系,两者既有交叉部分,又有彼此独立的内容。例如,广州开展的"三旧改造"在国内学者的研究中,既有被列入市地整理的范畴作为研究对象,也有被列入城市更新的范畴进行研究,这也从侧面印证了市地整理的实施内容包含于广义的城市更新中。

狭义城市更新　　涉及土地运营、产生土地增值的内容　　市地整理

图 1-3　狭义城市更新与市地整理的关系

1.2.3 城市更新与市地整理的组织模式比较

1.2.3.1 城市更新组织模式

（1）政府主导

政府主导模式是政府在城市更新过程中成立机构,发挥管理作用。如广州在 2015 年 2 月成立城市更新局,山东济南市在 2016 年 6 月成立城市更新局。

过去,在城市快速发展的时代背景下,中国的城市更新较多地采取政府主导模式,其一方面有利于健全城市功能,通过快速拆建的方式,引入城市新兴业态,置换原有旧城功能,起到优化完善功能的作用;另一方面,它有利于促进城市形象的快速提升,拆除重建比综合整治的方式更有利于快速地重塑城市形象,可在短时间内打造城市地标。

但是,从城市更新的物质空间改造方式看,以往的政府主导模式往往采取大拆大建的建设方式,追求短时间内以较少的投入促进城市形象改善和城市功能提升。大拆大建已经被证明具有较多弊处,比如破坏了城市文脉,原有的历史建筑没有保留下来,原有的社会文化受到冲击。原住民搬离后,新的社会阶层取代了原住民,原有的历史积淀下来的社会文化不复存在;有时在拆迁的过程中,由于缺乏充分沟通的公众参与,就容易使得更新项目推进的社会阻力较大。该模式容易造成城市更新活动的负外部性,使得公共效益受到损害。

从城市更新的流程来看,前期规划阶段的参与者只有政府。权利主体未参与其中,无权表达是否以及如何更新的意愿,被动且缺乏话语权。拆迁安置补偿阶段由政府直接面对权利主体,所有的资金、人力投入压力和与权利人的博弈矛盾都需由其独自承担。当城市进入存量发展时代,更新规模较大时,该模式将难以为继。土地出让和开发建设实施阶段,政府净地收储后再以招拍挂方式出让给市场主体,市场主体实质上并没有直接参与城市更新。

可见,该模式下城市更新各阶段的参与主体较单一,缺乏弹性制衡机制,容易出现"零和博弈"。政府主导全盘操作可以较好地实现其发展意图(图1-4),但也背负较大的经济压力与社会风险。

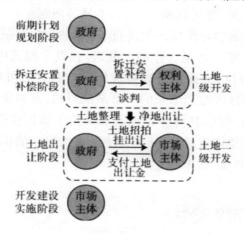

图1-4 政府主导型城市更新治理模式

(2)政府—市场合作

随着城市化的发展,对城市中心区老旧住宅、老旧厂区的改造变得十分紧迫,政府根据市场机制,创造性地提出了利用市场机制进行城市更新,利用城市地租差和区位差形成的经济效益平衡城市更新资金。由于市场主体的建设、实施、运营、管理能力较强,政府委托社会企业参与城市更新工作,按照市场规则进行城市更新,既能够解决地方政府资金短缺的问题,又有利于激发市场活力,促进市场资源发挥积极作用,允许企业利用市场经济规则创造经济效益和社会效益。

政府、市场合作模式又可细分为市场主导模式和公私合作的PPP模式,但由于配套机制不完善,市场主导模式存在规划要点可能与实施合理性脱节、权利主体利益得不到保障等多个问题。针对市场主导模式的问题和争议，国家层面对政策进行收紧，要求土地须"净地出让"。在此背景下，面对旧改的资金筹措等难题，政府开始探索由政府主导、市场主体协助的 PPP 模式。

PPP 模式有多种，常见的是政府购买服务的模式，即政府授权委托市场主体先行垫资进行土地整理工作，政府收储后再进行招拍挂出让，用获得的土地出让金向市场主体支付成本及一定的利润。该模式下由于市场主体前期投入较大，且不能直接进入二级土地开发市场，对其吸引力不足。另一种是由政府和市场合作成立公司，通过股权或债权等手段引入市场资本，进行拆迁安置补偿和开发建设等工作，并进行盈利分成。后一种模式仍在探索中，组织机制较复杂，政策尚不完善，市场主体仍面临前期投入大、盈利周期长、动力不足等问题。

政府在与市场的合作模式上进行了多元探索，试图在撬动市场力量的同时更好地拿捏与市场合作的尺度，但在以上模式中，权利主体均处于被动接受的地位，被排斥在改造规划制定过程之外或只能象征性参与。权利主体与片区改造未来的关系是割裂的，其制衡机制仅作用于拆迁安置补偿阶段，所以其博弈过程通常聚焦于如何获得更多的补偿，而不是片区改造的整体效益上，让城市更新最为复杂的拆迁补偿阶段困难重重，成本不断增加（图 1–5）。

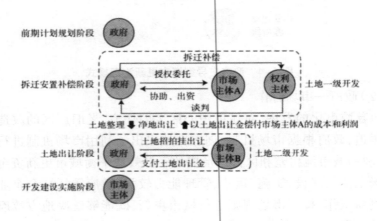

图 1–5　政府—市场公私合作的 PPP 模式

（3）多元主导

随着我国城市化的发展，个人和团体的多元化得到社会的认可，群众和团队参与城市更新的需求愿望加强。在新型城镇化的背景下，人本、公正与和谐成为城市发展的核心价值取向，政府的治理模式从管制型向服务型转变。在物权法的保障下，权利主体具有了更多的话语权与主动权，加大了与市场主体和政府博弈的能力，公众参与的社会影响力也越来越大。我国城市更新的治理机制呈现出向相互制衡的政府—市场主体—权利主体—公众等多元主体协同合作的方向演进的趋势。国外多个城市的发展也表明，政府、团体、个人参与城市更新更能体现社会和谐。

多元参与模式是以产权关系为前提的，区域内不同产权的业主提出不同的更新模式，集思广益，采取主要模式进行城市更新工作。由于产权主体的不同导致目标的不同、城市更新模式的不同，而城市优化和自身改造的方向是一致的，都是为了提升生活品质。所以，多元参与模式在城市更新中更加具有生命力。此外，多元模式更新的范围和广度更具有广泛性和实际性，不仅涉及城市形态的更新，也涉及民俗文化的更新，更涉及社会思想的更新，如农民改住楼房后的土地利用更新，需要补充文化更新，原住民改为楼房住户后，原有的婚丧嫁娶的生活模式依旧延续，在更新住宅区建设的时候，需要考虑建设相应配套的设施和场所。

目前我国在城市更新的多元共治上展开了理论研究和实践探索。在参与机制上，主要强调加强权利主体和公众的参与，包括进一步打开权利主体向政府提出意愿和诉求的通道，保护其决策权，完善公众参与机制；在制衡机制上，强调政府需要加强引导和监督。但在产权关系和多元主体参与的复杂情况下，多元主体的协同合作需要直面利益平衡症结，以更为精细化的参与和制衡机制来支撑，并通过城市更新制度的建立和完善予以保障（图 1-6）。

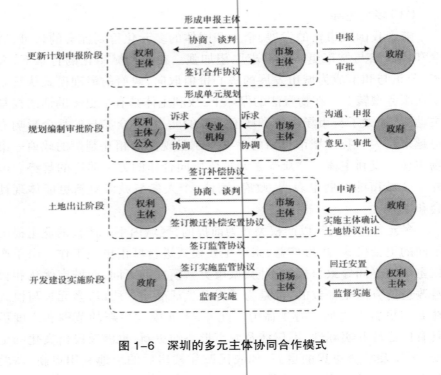

图1-6　深圳的多元主体协同合作模式

1.2.3.2 市地整理组织模式

由于国外城市化起步较早，城市土地整理在近一个世纪的发展过程中形成了较为成熟的模式，在很大程度上提高了土地的利用效率。按照实施主体划分，国外城市土地整理组织管理模式分为政府主导型、土地所有者主导型和规划主导型。

政府主导型市地整理的代表国家有德国和日本。在德国，城市土地整理的整个过程都由当地政府主导控制，政府可以决定是否需要进行土地整理以及整理项目的执行机构；土地所有者有表达自己观点和上诉的权利，但对整理工作影响很小。在日本，所有的整理项目必须经过政府部门的审批，并按照政府的行政法令依法进行，政府在城市土地整理中占据绝对的主导地位。

土地所有者主导模式以法国为代表。这种模式给予土地所有者比较大的自主权，可以决定整理项目是否可以进行，但发起土地整理项目只有得到全体土地所有者同意才能进行；对政府部门而言，在建设管理和市政建设投资等方面的投入则可以大大减少。但在这一模式下,由于土地所有者人数较多,意见不同,因此难以达成一致,导致城市土地整理实施困难。

规划主导型的整理模式以澳大利亚为代表。在澳大利亚,每一个土地整理项目都包括一个小城镇规划方案,目的是明确土地整理项目的范围,获得批准实施项目。在准备和正式起草整理方案时,都需要征求土地所有者和其他涉及土地整理项目的政府组织的意见。这一模式中,城市土地整理在规划的基础上进行,既保证了整理工作的科学性和合理性,又充分尊重土地所有者的利益和相关政府组织的权利,有利于城市土地整理工作的顺利推进。

与国外土地私有制不同,我国土地实行社会主义公有制,土地归属国家和集体所有,且城市土地整理是以政府制定的土地规划、建设规划为依据的,在土地整理过程中又涉及诸多政府机构、企事业单位以及土地使用者权属关系的调整,所以对城市土地整理的组织实施、投资引导和动态监督等一系列内容都必须发挥政府的主导作用。因此,按照实施主体划分,我国的市地整理基本上是以城市政府为主导的模式。

随着城市土地整理工作的不断推进,我国也在实践中不断探索引入其他实施主体的市地整理模式,部分市地整理实施主体的确定会视土地整理目的、性质以及预期综合收益的不同而有所区别。一般情况下,基于环境污染治理、改善城区面貌的土地整理由于存在较强的正外部性和公益性,多由政府实施,但城中村改造等有较大经济收益的土地整理,则多由政府引导、利益相关人实施建设,如广州猎德村旧村改造主体为村集体,政府主要起服务和指导作用。

1.2.3.3 城市更新与市地整理的组织模式比较分析

经过上述梳理发现,我国的城市更新与市地整理一样,基本都以政府主导模式为主,或者在政府的引导下进行。在这一模式中,更多地体现了政府的公共服务职责,政府不管是在城市更新还是市地整理中都加强了对社会公共设施的建设以及生态环境的保护,在较大程度上提升了城市土地整理的社会效益和生态效益。但缺陷在于这一模式中的居民参与程度不高,居民作为城市更新和市地整理的利益相关者,其在经济补偿、安置方式等方面的利益诉求难以顾全,政府与居民在前期协商过程中的矛盾是城市更新和市地整理工作难以推进的主要原因。而在国外的市地整理实践中，公众在前期参与较多，如日本的"区划整理"在一定程度上给予了公众表达权利，在市地整理规划公告期间，该地区土地所有权人半数以上如有异议，可书面提出，主管机关进行调处，参考反对意见修订规划。

相较于我国台湾，大陆地区城市在土地公有制的背景下，对于城市更新主体角色定位及利益公平分配模式的设计尚不具备充分的意识。首先，政府作为绝对管理者的角色定位严重影响了市场的公平性。大陆城市中，政府作为城市更新的主要发起人，具有绝对权威，通常以较低价格从市民手中收回土地再出售给开发商，以获得的一次性土地出让金收入来进行公共设施建设。但仅靠政府来建设公共设施，推动城市更新，必然会造成繁重的财政负担，进而导致政府盲目增加土地交易，降低交易门槛，造成土地交易市场混乱和土地透支。其次，开发商作为更新的实施主体，除给政府上缴土地出让金外，几乎独享更新收益，但同时承担全部投资风险。最后，被拆迁居民通常是更新中的被动配合者，缺少话语权。

1.2.4 城市更新与市地整理的利益分配模式比较

1.2.4.1 城市更新的利益分配模式

现有的城市更新利益主要指的是土地增值收益分配，而我国土地增值收益分配的本质是权利的界定与分配。收益的分配是由收益主体间权利的分配决定的，有什么样的权利架构、权利的边界划分，就会有什么样的收益分配模式。

我国实行土地公有制，包括全民所有制以及集体所有制两种土地产权形式。属于全民所有的土地叫国有土地，即城市中的土地，由国家代表全民享有国家土地所有权，各级政府对国有土地进行统一的招拍挂管理；属于集体所有的土地称为集体土地，由农村集体行使所有权，一般为农村的宅基地以及耕地、农田等。

深圳、东莞、广州、佛山、中山等地都有完备成熟的城市更新政策体系，对于利益分配也有较为完善的制度，其中深圳、东莞最有代表性。具体成果包括《深圳市土地整备利益统筹项目管理办法》(2018 年 8 月 9 日颁布)、《深圳经济特区城市更新条例》(2021 年 3 月 31 日实行)、《东莞市人民政府关于深化改革全力推进城市更新提升城市品质的意见》(2018 年 8 月 15 日颁布)、《东莞市城市更新单一主体挂牌招商操作规范(试行)》(2019 年 5 月 7 日颁布)等。

纵览广深地区的各项城市更新政策,其底层逻辑就是鲜明的利益共享理念。机制是不成文的制度,是保障制度有效运转的内在逻辑。从深圳颁布的历次关于历史用地处置的政策可以看出,土地增值收益分配制度日益完善。2014 年《关于加强和改进城市更新实施工作的暂行措施》(以下简称《暂行措施》)明确建立了"20-15"的产权明晰、利益共享制度,即将城市更新单元内历史用地比例控制在 40% 内,处置土地的 20% 纳入政府储备用地,剩余 80% 交由继受单位进行城市更新,且在 80% 的更新用地中,须移交至少 15% 土地(或面积不少于 3000 平方米)用于建设城市基础设施、公共服务设施、城市公共利益项目等。

土地整备利益统筹办法是深圳在解决历史违建方面的政策成果,通过原住民等面积回迁、开发商向政府贡献建设用地或产业用房、村集体留用部分建设用地或租赁式住房等途径,较好地协调了项目各方的利益关系,建立了多方共享的土地增值收益分配机制,释放了大量建设用地,对深圳全面实施城市更新进行了有益的探索。深圳经验的逻辑核心与成功关键在于"尊重产权整合和利益共享"。广东其他城市,如东莞,在随后出台的城市更新办法中,都把利益共享作为制度设计的基础。从广深地区的实践来看,由于共享机制落实得比较充分,取得了较好的效果。

1.2.4.2 市地整理的利益分配模式

以我国台湾地区为例,土地分为"公有土地"和"私有土地"两种。公有土地可以分为公用地以及非公用地,而依据台湾的法律,个人是可以合法成为土地的所有权人,依法获得的土地则为私有土地,房屋的拥有者同时可以获得土地以及土地之上建构筑物的所有权,并且在市场经济的大背景下,经济的当事人可以对自己所拥有的权利以及义务进行谈判并达成交易。

台湾市地重划后的土地按原有位次发还给原土地所有权人,其发还面积至少为原面积的 55%，建设公共设施所需要的土地由土地所有权人按受益程度比例分摊。土地所有权人的利益体现在市地重划后，由于道路、公园等基础设施的配套齐全、土地用途的转变而导致地价大幅度增长。

1.2.4.3 城市更新与市地整理的利益分配模式比较

增值产权利益的公平分享是城市更新的核心问题。通过对大陆与台湾地区市地重划在利益分配上的比较发现，台湾地区"权利变换制度"是一种风险共担、利益共享的新模式。权利变换制度的"等比例价值变换"这一特性，相较大陆的一次性回收土地出让金、一次性赔偿而言具有诸多的优势。

首先，政府作为整个更新项目的掌舵者而非参与者，能够更加公平、公正地担当其监督管理者的责任。其次，土地及建筑物所有者及权利关系人可自愿参加权利变换，通过权利价值比例分享更新增值收益，同时也承担一定的开发风险。另外，居民对于更新决策也具有一定的话语权，变为更新的主动参与者。再次，其他投资者也可参与都市更新项目，以资金获得相应的价值比例，同时分担一定的风险，但不参与更新项目的经营管理。最后，开发商通过更新增值收益分享的方式，既减轻了资金的压力，又分散了开发的风险，有利于更新的推进。这种风险共担、利益共享的利益分配模式提高了开发商与各类权利人、投资者参与都市更新的积极性，同时也体现了社会利益分配的公平性。

虽然大陆城市土地归属国有，但土地使用权的多元化问题也很突出，尤其是历史上遗留下来的各类型产权问题，均对城市更新造成了很大的困扰，其中包括历次土地产权制度改革造成的大量公有产权住房产权不明或者混杂，快速城镇化造成的众多城中村集体用地产权问题突出，由于其他各种客观原因造成的小产权房泛滥等现象。同时一些类似于公寓式住房和单间写字楼的产权模糊商品在市场进行买卖，也给大陆住房产权纠纷埋下了制度隐患。各种合法与非法的产权纠纷使得很多城市更新项目进展缓慢，甚至引起公众不满。台湾现行权利变换制度提供的重要启示是，应当结合历史因素充分考虑包括合法权利以及非法权利所有人在内的各种需求，树立产权权利束的理念，针对不同的土地或建筑权利人的具体状况来制定符合公平与效率原则的城市更新权益分配机制。

表 1-3　大陆与台湾城市更新主体利益分配方式比较

更新主体	大　陆			台　湾		
	角色	利	弊	角色	利	弊
政府	土地产权所有人	获取土地出让金	是主要的利益相关者,难以公正管理；土地提前透支	监督管理	具有超脱地位,可以公正监督	无直接收益
开发商	开发主体	除去出让金。开发收益独享	资金压力,开发风险	实施主体	缓解资金压力,分散风险	拿出部分更新增值收益
居民	被实施者；土地使用权人	获得货币补偿或住房补偿	补偿金额小,无力购置商品房；住房补偿区位偏远,就业生活压力大	主动参与者或发起者；土地所有人；权利关系人	等比例价值变换,共享更新受益,具有一定的话语权	分担开发商开发风险
投资者	-	-	-	资金参与者	只需投入资金,无需经营管理,分享收益	承担投资风险,无决策权

1.2.5 城市更新与市地整理的资金筹集模式比较

1.2.5.1 城市更新的资金筹集模式

（1）政府部门利用财政预算资金直接进行投资

政府通过市场化公开招标的方式确定执行主体,完成如片区综合整治、老旧小区改造等公益性较强的民生项目。其建设资金的主要来源是政府财政直接出资,主要针对公益性项目建设、维护,需要具备良好的财力基础,通过纳入政府投资预算体系,按照政府投资条例要求对外投资。

（2）政府划拨部分财政预算资金,其余资金缺口通过发行专项债券实现

这种项目通常要求项目自身收益良好,能够覆盖债券本息,实现资金自平衡,否则就会加大政府的债务负担。

（3）地方政府授权地方国企为主体进行投融资

由地方政府授权给地方国企作为城市更新项目的投资建设运营服务主体。以地方国企为主体，通过银行信贷或资本市场融资完成城市更新项目的投资建设。地方国企投资模式下，城市更新项目的收入可能来源于项目收益、使用者付费、专项资金补贴等几方面。

（4）地方国企引入合作方成立项目公司

地方国企作为城市更新项目的业主方，通过对外公开招投标确定合作方，由地方国企与合作方按照约定股权比例成立项目公司，由地方国资与项目公司签订开发投资协议，以项目公司作为城市更新项目的投融资建设管理实施方。投资项目的资金来源于股东出资，项目其他资金通过市场化融资获得。

在该模式基础上，引入以地方国企和社会资本合作形成的城市更新产业基金，以产业基金作为项目公司的出资方。同时，目前部分央企也通过引入社保基金共同组建基础设施基金进行股权投资，从而解决央企的投资资金问题。

（5）政府和社会资本合作模式，即 PPP 模式

PPP 模式下，项目回报机制有三种，分别是政府付费、可行性缺口补助和使用者付费。政府付费部分（补贴）通过纳入中长期财政预算的形式，保障项目还款来源及社会资本的合理收益。

（6）市场主体主导的投融资模式

市场主体主导模式是指在城市更新项目开发过程中政府出让用地红线，开发商按规划要求负责项目的拆迁、安置、建设的一种商业行为，是一种完全的市场化运作方式。企业主体利用金融市场，特别是资本市场进行融资。这种模式主要出现在深圳、广州等城市更新早期阶段的拆建类城市更新中。

1.2.5.2 市地整理的资金筹集模式

城市更新融资是保证可操作性的关键，融资方式的选择取决于政府治理理念和财政能力。

台湾地区的市地重划是利用民间资源积极开发城市或社区的有效方法，实施工程费及公共设施用地均由土地所有权人分担，将重划后保留的一部分土地出售后所得的资金，用来支付重划过程中所产生的规划

费、工程费等各种费用。因此,重划不受政府财政资金的限制,可以大大缓解政府的财政压力。

对于衰败社区更新,法、德政府予以了较大的支持。法国以政企为主,各有侧重,中央设置专项资金支持地方社区改善项目的落实,资金占比高达50%;对于衰败社区由政府兜底,中央设置专项资金,市镇政府实施;对于协议开发区以开发主体为主,可申请政府资金,开发主体实施。德国采用多方合作、多样化融资的模式:衰败社区由联邦和州政府各出资1/3,其余通过多样化融资补齐;城市中心区和商业区以开发主体为主,可申请政府资金,开发主体实施。

日本、英国、美国的社区更新仍然以自筹资金、多主体运作或PPP方式为主,政府通常不提供或仅覆盖较低比例,城市更新的公共利益考虑不足。日本采用多方合作、政府有限参与的模式,以利益主体(居民/开发主体)自筹资金为主,都市再生机构参与投资,或都市再生机构、社区、NPO、企业等多主体共同运作,政府通常不提供资金。英国采用利益主体为主、政府有限参与的模式,由LEP和社区组织主导实施,可以向中央政府申请专项资金,政府仅发挥监管职能,各方无固定比例。美国则以市场为主,广泛采用PPP模式,以市场注资为主体,极少部分来自政府政策资金,衰败社区由PPP联合主体实施,增长潜力地块由开发主体实施。

竞争力导向的更新由于本身具有溢价空间,市场介入注资运作的动力大,各国的运作方式类似——法国的协议开发区、德美的商业改善区、日本的都市再生特别区、英国的企业区划地区,均依靠市场部门自主申报、出资和实施,政府给予少量补贴作为激励基金,扮演守夜人角色。总体而言,德、法对城市更新市场主体的管制和监督更强,对衰败地区的照顾更多。

1.2.5.3 城市更新与市地整理的资金筹集模式比较

目前我国城市更新在政府投资、市场投资和政府市场合作投资这几种方式上都已有所探索和实践,遵守的核心原则是属于公益性质的部分由政府投资,商业性质的部分由市场投资。各地城市更新政策比较统一的是城市更新项目要市场化运作,探索多元化的融资方式,能够更多地引入社会资金。例如,上海宣布率先成立全国最大城市更新基金;北京、广州、深圳、天津、重庆等地提出在土地、金融、审批等方面给予政策支持,鼓励金融机构创新金融产品以支持城市更新,吸引社会资本参与城市更新。城市更新多元化投融资机制加速形成。但由于当前中国城市更新仍处于探索发展阶段,在地方实践中,除拆除重建类更新项目外,其余类型的城市更新项目多以政府投资为主,对吸引社会资本的积极参与缺乏有效途径。相较而言,国外以及台湾地区在多渠道融资方面的探索和实践走得更为长远,城市投融资平台公司、政府引导基金等融资方式为政府减轻了财政压力。

1.2.6 城市更新与市地整理的关系定义

通过上述比较,可以认为市地整理从概念内涵和实施内容上都属于广义城市更新的范畴,是城市更新工作的一种类型,但从现在开展的狭义城市更新角度来讲,两者属于相交关系。城市更新和城市土地整理的侧重点不同,城市更新侧重从城市发展角度实现城市提升,而市地整理通过土地手段体现土地价值再提升。

当前,城市土地整理(市地整理)指的是以土地增值或土地功能提升为目的的一类城市更新。在城市更新工作中,凡是涉及土地的整理或运营,产生产权变动和增值效益的,都可以称作市地整理。市场化运作的城市更新基本上都是市地整理,市地整理是市场化运作城市更新的主要方式。

市地整理视域下的城市更新内涵包含以下几个特点:第一,城市政府是城市更新的实施主体,并引入城市土地使用者、经营者、社会团体等多主体广泛参与。第二,产权混乱、畸零细碎、配套破旧以及用地效率低的城市土地,即"乱、碎、旧、低"是城市更新的实施对象。第三,产权调整与工程措施是城市更新的技术手段,其中以土地收益合理分配为实现手段的产权调整是城市更新成功运作的关键。第四,城市功能完善、土地价值提升是城市更新的目标,最终服务于新型城镇化的实现。

图 1-7 城市更新与市地整理关系

1.3 作为城市更新主要类型的市地整理核心理念

1.3.1 明晰产权

产权是指合法财产的所有权。产权是构成制度安排的基础,所有经济主体的交互行为就其本源都是围绕产权展开。新制度经济学家一般认为,产权是一种权利,是一种社会关系,是规定人们相互行为关系的一种规则,并且是社会的基础性规则。产权包括所有权、使用权、收益权、处置权。产权实质上是一套激励与约束机制。新制度经济学指出,产权安排直接影响资源配置效率,产权安排对个人行为所产生的激励作用将影响社会的经济绩效。

市地整理的重要内容之一就是对土地权属和土地收益重新组合,从而提高城市土地的利用效率和促进城市土地的合理布局。国外开展市地整理的主要条件之一就是完善的产权制度,主要推行土地私有制,产权明晰、平等保护成为其市地整理的重要基础。只有地权人合法权益受到充分保护,地权人才能取得与政府平等对话的机会,推动土地开发向着公正、平等的方向发展。

然而,中国城市更新中的最大问题之一是产权模糊。产权模糊有两种情况:一是产权归属关系不清,即财产属于谁未明确界定,或者未通过法律程序予以肯定;二是财产在使用过程中权利归属不清。当产权出现分割、分离与转让等情况时,财产各种权利主体变得不明确。在这种土地政策下,属于全民所有并由国家全权代理的土地的产权主体就变得比较模糊。名义上属于国家的土地被异化为各级政府,由各级地方政府对土地进行"招拍挂"统一管理。产权的模糊以及地方政府的各自为政导致产权迁移的过程中经济当事人的缺失以及不完整。模糊的产权模式下仅有各级政府存在的产权变迁导致民众的权能被削弱。因此,现行的土地模式下,本应有三方存在的谈判仅在地方政府与开发商之间进行,不公平的谈判自然会导致不公平的产权重新分配。但是不可否认,土地的公有制对于农村土地来说,它可以激励农民的生产积极性,而更重要的是能够避免因土地的私化而引起贫富差距过大以及社会的不稳定。

产权的明晰就是为了建立所有权,激励与经济行为的内在联系,要达到这个目标需要产权界定,这个界定行为实际上是一个目前城市产权制度安排下的交易行为,这个过程将产生大量的交易费用。根据科斯定理,不论产权的归属如何,只有清晰地界定产权才能够保证市场机制的充分有效运作。目前旧城房屋产权不明晰问题十分普遍,产权模糊和产权情况复杂,这些不仅影响了房屋利用效率和房屋维修,同时也给改造的赔偿带来很复杂的利益纠纷,对城市更新中土地的增值造成困难。

因此,有必要建立完整的与产权边界相关联的信息化管理机制,提高对产权地块的经济效益的认识,将产权地块作为城市更新基本单元划分的重要依据。明晰城市土地产权关系,主要包括:(1)理清土地产权归属的历史问题,明确土地产权和房屋产权归属;(2)明确规定地方政府处置城市各类产权土地的权限、收益及其适用范围,规定地方政府征收与处置各类产权土地的前提条件及补偿依据;(3)制定违法责任追究制度。

1.3.2 土地重划分

地块边界调整如图 1-8 所示:(1)→(2)是一个纯粹的土地权属调整,(2)→(3)实现了土地重划与城市更新的结合,既迎合权属调整的现实诉求,又达到公共空间增加、经营性建设用地建筑总量补偿奖励的要求。这一方面呼应了国外土地重划中增加公共基础设施用地的经验,另一方面又与城市更新的要求相符。

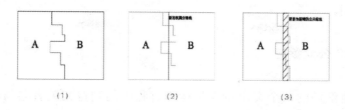

图 1-8　基于地块边界调整的土地重划逻辑示意图

在深圳市实行的土地整备模式中,已经借鉴了市地整理的这种理念。深圳土地整备利益统筹的基础是土地重划,即土地再分配。与台湾地区市地重划的初衷相同,土地重划旨在将现在这些杂乱不规则、畸零细碎及不集约利用的土地,通过土地整理、交换分合重新划分为大小适宜、形状规整的土地,使土地得到更经济、合理的利用,推动土地从低效利用变为高效利用。

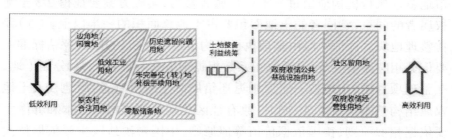

图 1-9　深圳市土地整备前后对比示意图

深圳土地重新划分的目标主要有两个:一是促进产权明晰化。无论是原农村集体实际掌控的现状合法用地,还是未完善征(转)地补偿手续的用地,在深圳市全面城市化的背景下,都处在产权模糊的"半城市化"状态。因此,产权明晰化是土地重划的首要目的,通过对现状地籍的摸查整理,明确土地重划前各类土地的权属状况,依据规划在土地重划后统一归置为产权清晰的国有土地,在产权清晰的国有土地上按照土地整备利益统筹的政策再进行土地的重新分配。二是促进产权边界和规划边界的高度统一。当前现状为原农村集体实际掌控用地的产权边界与规划地块边界严重脱节。产权边界和规划边界两张皮是造成现状土地使用极为低效,而规划又难以推进的主要原因。因此,土地重划就是要通过对现状产权的地籍归置、整合置换,依据规划地块划分规划产权,保证土地产权边界和规划地块边界的高度一致,推动片区土地的高效利用。

1.3.3 公众参与

市地整理的一个突出特点是运作过程中的利益相关者参与程序,大部分的市地整理项目是在参与者的协商下进行的,可以通过协商灵活地选择适用的程序。整理过程可以用于现成规划的实施和所有者自己或相互之间密切的合作计划的实施,值得在城市更新流程中借鉴的经验是:(1)发起整理程序。建设用地整理项目在地方政府批准施行前,由法定发起人根据相关法律规定提出整理计划。在德国发起人为地方政府;在法国主要发起人为土地所有者;在日本,政府、公共企业、私人企业和土地所有者都可以根据需要发起整理计划。(2)公众参与组织。市地整理执行机构应由过半土地权属者参与,实施方案要征得 2/3 土地权属者的同意,赞同者的土地面积要占土地总面积的一半以上。(3)评估整理地块。评估一般由整理执行机构指定专业机构开展,评估标准主要依据相应评估规范,具体修正系数根据地方实际设定。(4)分配土地。在整理项目中,土地按一定原则返还给原有土地所有者,原地权人土地权属结构基本保持不变,同时,原有社区关系得到维持。日本和韩国主要依据相似原则,德国依据价值等值原则,中国台湾地区主要依据位次原则来分配土地。(5)提取公共开发用地。根据详细整理计划,执行机构提取由原有土地所有者让渡出来的公共开发用地作为道路、公园及其他市政基础设施用地,并出售或开发部分地块用于弥补实施整理的有关费用。

例如,我国台湾地区市地重划的两种主要实施方式——一种是政府主导方式,主要对应法规是《市地重划实施办法》,另一种是土地所有权人自行推动方式,主要对应法规是《奖励土地所有权人办理市地重划办法》,两种主要实施方式都广泛地引入了公众参与。

在政府主导的市地重划中,《市地重划实施办法》中规定,主管机关勘选市地重划地区时,应征求土地所有权人的意愿;重划计划需按规定进行公告与通知,土地所有权人对重划计划持反对意见者可书面反馈,未采纳需函复;重划分配结果应检附图册公告 30 日;主管机关对土地所有权人提出之异议案件应予调处,调处不成者,由主管机关拟具处理意见,连同调处记录函报上级主管机关裁决。

在土地所有权人主导的市地重划模式中,为鼓励土地所有权人自行办理市地重划,我国台湾地区专门颁布了《奖励土地所有权人办理市地重划办法》,其中规定自办市地重划的,土地登记簿所载土地所有权人按规定组织重划会、筹备会、理事会和监事会,土地所有权人通过这些组织自行开展市地重划工作。自办市地重划过程文件意见征求面较广,如筹备会应由土地所有权人过半数或七人以上发起,负有征求土地所有权人同意、拟定重划计划书及申请核定公告等责任。筹备会应于重划计划书公告期满日起两个月内通知土地所有权人并召开第一次会员大会,审议章程、重划计划书,并互选代表组成理事会、监事会,分别负责执行业务。

1.3.4　容积率管理

城市更新承担着盘活存量土地资源、优化城市土地功能、提高土地利用效率和保障社会经济发展的作用,是平衡开发商、土地权利人、政府相关利益的重要桥梁和纽带,为进一步推进城市更新与土地集约利用,需要构建新的空间均衡与成本收益的均衡机制,而容积率指标是三方利益平衡的关键因素。在城市更新问题上,容积率是至关重要的。一个更新项目的允许容积率决定了项目的财务可行性,因为它直接影响到土地供应,且一个旧物业的任何未开发的容积率都能够体现其“更新潜力”。

容积管理分为容积率奖励和容积率转移两种手段,是一项用于平衡土地市场开发与空间资源保护的弹性调控技术,最早出现于 1961 年美国新区划法的发展权转移(Transfer of Development Right)及其他各国容积率转移与奖励的实践,可以充分显示出容积率转移机制在城市更新开发建设、生态保护、历史建筑保护、公共空间、公共设施等方面所起到的作用以及我国实施该项调控技术的必要性。

在土地资源紧缺和土地成本高昂的背景下,容积率奖励与转移机制可以作为实现存增转化、拆建联动等存量土地减量化战略目标实施的重要补充机制;作为改善生态环境,增加开敞空间和绿地,实施生态空间规划与开发强度提升联动的重要机制;作为保护历史人文环境,实施历史建筑改造更新的重要机制;作为建设公共设施,推进保障房建设的重要机制。

美国和日本在容积管理方面有着较为先进的实践经验。美国容积率银行是针对空间权项目在应用中遇到的困难而产生的一种规划管理工具,即将容积率作为一种特殊的不动产,以"虚拟货币"的方式由政府或其他非盈利机构进行购买储存,再视开发需求进行分配或转让。容积率银行是发展权转移制度应用的辅助手段,并在实践项目中惠及多方利益。对于出售土地的产权所有者,即卖方,容积率银行可以弥补市场需求的滞后性,为出售空间权的卖方提供及时的经济补偿;对于购买空间权的开发商,即买方,容积率银行可以提供空间权交易信息,使开发商明确哪些地块的空间权待出售并可购买;对于街区,容积率银行通过购买保护街区的空间权,为街区提供更新建设的项目资金,使需要保护的街区得到及时的保护,而不需等到合适的买方出现时才能实施保护建设,缩短了街区保护周期;对于公众,容积率银行为社会提供空间权交易的实时信息,并评估空间权的市场价格,保证了发展权转移项目的公平与公正;对于政府,容积率银行弥补了发展权转移市场的交易间隔,缩短交易周期,活跃交易市场,使开发商不会因为交易进度缓慢而放弃购买空间权,以此促进发展权转移项目的顺利推进。

剩余容积率利用权交易在日本作为一种较特殊的管理手段,在改善公共环境品质、保护生态环境和历史建筑等方面发挥了重要的作用,探索和研究容积率转移,有利于缓解城市开发建设需求与城市品质提升之间的矛盾,促进存量规划目标的实现。其一方面保障了城市开放空间建设,提升了居民的生活水平,另一方面实现了土地资源的集约利用。剩余容积率转移在我国某些地区尚处于初期探索阶段,结合此次考察的内容,建议该政策的制定需要进一步考虑如何合理设定容积率控制上限,明确容积率奖励及转移核算方法和标准,在此基础上建立完善的容积率奖励及转移公示制度。

我国在经历了快速城市化进程后,很多大城市都进入以存量发展为目标的城市更新阶段。在城市更新过程中,如何利用激励机制充分调用市场资源,平衡各方产权及利益关系,置换城市功能设施,以高密度的城市发展模式提高城市资源配置效率等问题,都需要不断探索及尝试新的途径去解决。

1.3.5 资金自平衡

在市场经济条件下,由于城市开发的要素土地、建筑等的空间分布不均衡,城市土地存在级差地租,城市各地段的征地成本、动迁成本、基础设施的成本差异较大,加之城市规划对土地用途和强度的控制,导致城市各地段的收益相差较大。如果城市政府不对这种利益进行调控,开发商必将寻求利润最大化的开发,给城市的进一步建设留下隐患。

国外市地整理的过程十分注重资金的平衡,其经费由土地所有权人和政府共同负担,土地所有者和土地租用者的个人土地财产权的部分土地无偿出让,虽然土地权力者拥有的土地面积缩减了,但由于土地的区划整理,增加了土地的使用价值,使地价上升,并未侵犯权利者的个人财产权,并且使得政府在资金短缺的情况下,仍然可以对土地利用进行调整改造、增加公共基础设施的建设,提高土地利用率和产出率。

近年来,我国在实施城市更新工作中也开始重视"资金平衡"的实践尝试,如北京市劲松社区改造,也有学者从资金平衡视角出发,对现有城市更新案例进行资金平衡模拟,如杭州拱宸桥地区老小区更新,淮南市经开区 B02、B03 地块旧城更新等。因此应重视城市更新中的经济分析,在规划设计方案的基础上,遵循土地利用最优、估计最劣的原则,针对城市更新这一经济活动进行经济效益分析,估算典型地块的投入产出,在贯彻城市规划基本原则的基础上,按照该地块的市场投资导向调整规划方案,提高规划的经济性和可操作性,保证规划的顺利实施。

1.3.6 利益统筹

西方资本主义社会从 19 世纪以来,所有权逐步由神圣不可侵犯的"绝对性"转变为考虑社会公共利益的"所有权社会化"。在所有权绝对性的条件下,私有土地的增值无论其来源怎样,都由土地所有者全部获得,从而出现了亨利·乔治所指出的"社会越进步,民众越贫困"的现象。"所有权的社会化"则要求对个人的土地所有权进行限制,要考虑社会公共利益的需要;社会公共利益要求维护社会公平,调节社会收入过大差距,所以私有土地的增值就必须在土地所有者和社会间进行分配,而不能全部成为土地所有者的"不劳得利"。因此,在土地私有的条件下,

"所有权的社会化"是土地自然增值回收归于社会的产权基础。而我国的城市土地属于国家所有,城市土地增值收益分配的产权实质上是所有权的收益权能与使用权的收益权能划分问题。当城市政府将土地出让给土地使用者时,政府获得的土地出让收益是所有权收益权能的具体体现,土地使用者利用土地进行经营获得的收益是使用权收益权能的具体体现,但是土地持有阶段的增值收益则难以在所有权的收益权能和使用权收益权能间明确划分。马克思主义地租理论认为,绝对地租的增值是所有权收益权能的内容,应该由政府获得;级差地租的增值则应该在"按贡献分配"与"按需要调节"的原理指导下,在所有权收益权能和使用权收益权能间进行合理分配。

在城市更新项目中,地方政府可获得土地收益、公共服务设施,实现税收与就业人口增加、环境改善、产业升级。实施主体可获得开发收益、物业运营收益。原权利人可实现物业升级、货币补偿或者实物入股。这些利益里面,既有货币收益,又有实物收益,还有社会效益;既有近期收益,又有长期收益;从投入产出角度,有正收益,也有负收益。

城市更新的职能之一是吸引社会资本完成城市公共服务设施的建设,通常无需地方政府额外投入资金,因此地方政府的收益以正收益为主。社会资本方需要投入大量的建设资金,并辅以专业化的经营管理,才有可能获得正收益。原权利人通过权利让渡而获得物业升级,进而实现正收益。而社会公众一般收获生活环境改善、就业机会增加等隐性收益,但也存在着合法权益被侵害的风险。

市地整理的一个主要优点是它揭示了开发利润公平分配的可能性。在一个城镇或一个城市的旧区改造中,一般会包括扩张和保护的因素,它会有一定数量的住宅和新建筑物的扩张、商业企业的房屋和设备改造、公园的改建等,而另一方面,我们希望保护具有历史意义的古老建筑或修建一个具有较高质量的公共庭院空间。这经常涉及某些所有者赚钱而其他的人要承担一定的费用的问题。这样,整个改造方案的处理就如联合开发一样,会导致"公平"分配问题,市地整理中通过合理的规划、程序安排与多方协商使这个问题得以妥善处理。一般说来,越好的规划,公平的问题就会处理得越好,所有者的参与程度也就越高。

深圳市土地整备模式中,利益统筹的价值核心是利益共享,即权益重构。土地整备利益统筹汲取了市地重划中"平均地权、涨价归公"的理念,以增值共享为导向,充分发挥规划赋权的价值,通过规划调节,促进地尽其利,以达成地利共享,推动土地总价值的大幅提升,实现片区土地整体增值,在保障原农村集体现有权益的基础上,将增值部分的土地价值由原农村集体和政府共同分享。通过以共享促进共赢,激发和调动原农村集体参与土地整备利益统筹的积极性,促成原农村集体和政府共享存量开发红利(图1-10)。

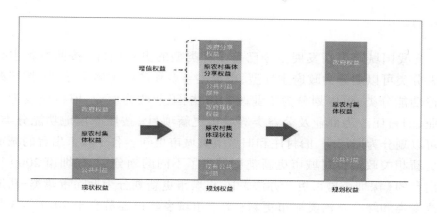

图1-10　深圳市土地整备增值共享示意图

　　利益共享的内涵主要有两个方面:一是公共利益的共享共摊。利益共享的前提是保障和提升城市公共利益,即保障和落实城市发展所需要的公共服务设施、道路交通设施与市政基础设施等用地。这些用地需要由原农村集体和政府共同分摊,同时城市道路交通与公共基础设施的完善和提升,也必将促进片区土地价值的提升。因此,原农村集体在分摊片区公共设施用地的同时,也将分享公共设施完善带来的土地增值效益。这样通过公共利益分摊与增值利益共享的联动,才能保障公共利益的落实。二是价值增量的共享。利益共享的核心在于公共利益以外的经济价值增量,原农村集体共享的价值增量首先用于解决现状村民的住宅安置和村集体物业的安置,保障村民个人居住权益,发展和壮大集体物业,促进集体经济的长期可持续发展。政府在收储公共利益用地之余,也需要共享一定的价值增量,即政府投入的土地整备资金,需通过共享的价值增量来实现经济平衡,具体表现为收储产业及仓储用地,保障和充实城市产业发展空间,促进城市社会经济的长期可持续发展,或收储一定规模的居住及商业用地,通过这部分土地的出让收益来平衡政府投入的土地整备资金。

1.4 盈利性、公益性与微盈利性城市更新

　　我国城市更新发展至今已有多种类型的更新项目：按照更新主导者分类可以划分为政府主导型、市场主导型和产权主体主导型；按照改造功能分类，可以划分为工业改为居住、工业改为商业、旧村庄改为工业、旧村庄改为商业及公益类等城市更新项目；按照原用地功能分类，可以划分为旧厂房、旧村庄和旧城镇类城市更新。各个城市出台的城市更新相关政策也对城市更新类型做出了不同的划分，如深圳市 2009 年出台的《深圳市城市更新办法》中，将城市更新划分为拆除重建类、功能改变类和综合整治类城市更新；南京市城乡建设委员会于 2022 年 3 月发布的《南京市城市更新试点实施方案》中，将南京市城市更新工作任务分为居住类地段更新、生产类建筑改造、公共空间类提升和综合类片区更新四种类型。

　　但以上划分基本是从以政府和非营利组织为代表、以谋求公共利益为目的的公共部门视角出发，而在城市更新活动中，以企业为参与主体的社会资本本质上属于私人部门，他们的活动依赖个人收入和个人资产。经济学理论中的"经济人"假设认为，人的一切行为目标都是私人效用的最大化、自身利润的最大化。在城市建设项目中，社会资本也同样具有逐利特征，争取投资效益的最大化是社会资本参与城市更新的主要目的之一。因此，在本研究中对城市更新的类型划分以项目盈利性为依据，主要可以分为以下三种类型。

1.4.1 盈利性城市更新

　　盈利性城市更新主要是连片开发项目，主要包括房地产化的传统土地出让、建设模式，以及城市功能导向的老旧城区开发、交通设施导向的都市圈小城镇、文旅康养导向的生态文旅开发和产业升级导向的宜居

宜业新城项目等。在传统的城市更新方式中,项目盈利主要以拆除重建类更新项目为主,即过度沿用房地产式开发建设的城市更新项目,通过拆除重建新的商业建筑或住房再售出来获得一次性收入。赢利性的城市土地开发构建了城市的主体框架,是城市物质发展的根本,包括住宅区的建设、商业办公建筑的开发、工业等生产性用地的投资兴建等,属于市场运作机制下的城市建设行为。

由于新增开发量大、实际收益高,拆除重建式的城市更新项目成为了以房地产企业为主要代表的社会资本最积极热衷参与的更新模式。但长此以往,这种急功近利的房地产式城市更新会造成市场供给过多,可售商品住房的增多导致房地产价格的下降,最终导致财务失衡。2021年8月,住建部发布了《关于在实施城市更新行动中防止大拆大建问题的通知》,强调了城市更新要"去地产化",否定了一次性收益平衡的城市更新建设模式。同时,近两年来中央文件越来越强调"可持续性"概念,未来的城市更新项目盈利模式将从传统的一次性收益转向可持续获得收益的运营模式。

1.4.2 公益性城市更新

公益性质的城市更新项目主要是指城市公共空间中的基础设施改建、扩建与重建,它可以为城市居民提供良好的生活环境,满足人们的物质和精神需求,具有公共服务性质,此类城市空间也能够刺激项目周边地块价值的提升。公益性城市更新项目类型丰富多样,主要包括城市公园、城市广场、停车场地、市政道路、中小学、居委会、旧公有物业地块、河流湖泊,及赢利性项目中的公共部分等。此外,历史文化保护类的项目也可以作为一种特殊的公益类项目。

尽管相较于盈利性城市更新项目,公益性城市更新项目在项目推进上更为顺利,尤其是当项目主导方为政府或市场主体为国有单位时,在规划管理与政策审批上都会提供最大的便利,但在当前的市场经济体制中,由于土地资源的稀缺性,公益类的城市公共空间开发建设往往比较难以回收开发建设过程中投入的资金并从中获得收益,难以保持收支平衡,其规划布局和配置建设更多受到政府宏观调控和分配。因此在城市建设过程中,相较于在市场供需调节下能够产生一定市场收益的盈利性城市更新项目,单纯的公益性城市更新项目往往难以获得社会资本资助,主要通过地方政府的财政支持维持运营。

1.4.3 微盈利性城市更新

微盈利性城市更新包括老旧小区改造、保障性住房配建、历史文化街区保护等产业升级和住宅改造类城市更新项目。微盈利城市更新项目具有中小规模、渐进式、可持续特征,最符合我国城市更新目前倡导的"政府主导、市场参与、居民配合"的可持续性城市更新理念。

然而,目前我国城市更新工作开展至今,最易于开发的盈利性城市更新项目基本已经实施完成或正在推进中,而最符合"可持续理念"的微盈利性项目由于项目不涉及大范围的拆除重建内容,且需要依靠产业导入获得盈利,更新周期长、资金回笼慢,因此相较于整体连片拆除重建类的盈利性城市更新项目,此类项目在实施过程中常常由于招商引资问题而难以开展或推进,政府也没有足够的财政资金独自主导此类更新项目的开展,这影响了我国城市更新的整体进程。同时,尽管目前我国各地政府都出台了一些能够激励社会资本参与城市更新项目的相关政策,意图通过政策激励调动市场的力量参与城市更新,并规范社会资本的具体更新行为,保障城市更新项目的可操作性,但实际上,对社会资本而言利益偏低,但对城市发展非常重要的地区,如何通过有效的激励手段进行全市范围内的统筹、促进有序和有机更新,这方面还欠考虑。

1.5 广义社会资本与城市更新中的社会资本

社会资本(Social capital)产生于西方社会资本理论,但学术界尚未形成统一概念。这一词最早由汉尼芬(Hanifan, 1920)在社会学中提出,在说明社会交往对教育和社群社会的重要性时独立使用。

19世纪80年代,法国著名社会学家布迪厄(Bourdieu, 1985)在《社会科学研究》中首次对社会资本进行正式界定,并在社会学领域广泛使用,提出社会资本是一种实际的或潜在的资源集合体,这些资源对某种持久性关系网具有重要作用,且这种关系网最终能为其中的每个成员提供一种大家所集体共有的资本。世界银行社会资本协会将广义的社会资本定义为政府和市民社会为了一个组织的相互利益而采取的集体行动;马克思在《马克思恩格斯全集》中将社会资本(或社会总资本,Total social capital)定义为"社会资本 = 单个资本(包括股份资本,如果政府在采矿业、铁路等上面使用生产的雇佣劳动,起到产业资本家的作用,那也包括国家资本)之和,是社会资本再生产理论的前提"。①

以上包含信任、正式或非正式的网络、公众参与以及社会组织的自愿活动等要素的概念是社会资本的广义概念,而现在社会资本的概念也在与社会同步发展。2014 年,我国财政部出台《关于推广运用政府和社会资本合作模式有关问题的通知》与《政府和社会资本合作模式操作指南(试行)》文件,其中将"Public-Private Partnership"翻译为"政府和社会资本合作",并将社会资本定义为"已建立现代企业制度的境内外企业法人,但不包括本级政府所属融资平台公司及其他控股国有企业",后将国有企业、外资企业、民营企业、混合所有制企业以及其他投资经营主体都归为社会资本方。

因此本研究中的"社会资本"定义参考财政部关于政府和社会资本合作项目运作模式(Public-Private Partnership)中 Private 的意义,即国有企业、民营企业、中外合资企业、外资企业等各类具有现代企业制度的经营主体。

---

① 杨琰.社会资本参与老旧小区更新动力影响因素与提升机制研究 [D].北京:北京建筑大学,2022.

第 2 章　城市更新项目治理影响因素研究

2.1　市场化城市更新项目治理内容

2.1.1 城市更新项目核心利益相关方

城市更新过程中涉及的主要利益相关者对旧城区域的更新改造有较大的控制力,甚至会对更新改造的成功与否产生决定性的影响。因此,对于城市更新过程中涉及的主要利益相关者以及各自的诉求、定位等进行界定就显得尤为关键。准确识别城市更新过程中涉及的主要利益相关者是分析利益相关者冲突的关键前提。

本研究部分通过文献研究法、专家访谈法及项目实地调研法对城市更新项目的利益相关者进行识别和分析,研究过程如下。

首先,梳理汇总近 5 年来有关城市更新过程中利益相关者识别的文献,并按照论文被引频次共筛选出 20 篇高被引文献;然后将这 20 篇文献中所涉及的城市更新过程中的利益相关者全部提取出来,具体见表 2-1;而后对提取出的同一利益相关者的不同名称进行合并归类,共得到 12 个利益相关者;最后采用专家访谈的形式,分别邀请 5 位城市更新研究领域的学者和 10 位熟悉城市更新具体操作的专家对这 12 个利益相关者进行识别。对每位专家学者的访谈时间在半小时左右,分析以上 12 个利益相关者被提及的频率,并要求访谈对象尽可能详细地阐述这 12 个利益相关者之间的具体关系。通过对以上 15 位专家学者的访谈,识别了包括地方政府、地产开发商、原产权人、社区、社会团体和媒体在内的 6 个提及频率超过 50% 的主要利益相关者。最后通过项目实地调研法确定项目的核心利益相关者。从南京市居住类地段、生产类建筑、生态类空间和综合类片区四种城市更新片区类型中各选择一个具有代表性的案例,分别为小西湖街区保护与再生项目、南京老烟厂改造项目、第十一届江苏省园博园项目和南京颐和路历史文化街区保护利用项目(第 11-1,13-1, W-1 片区)。通过对以上四个城市更新项目的实地调研和项目人员的采访,确定城市更新项目核心利益相关者为地方政府、居民和开发公司。

表 2-1　基于文献研究、专家访谈及项目调研的城市更新利益相关者识别表

序号	利益相关者	与城市更新的关系	来源文献	专家访谈提及频率	项目负责人访谈提及频率
1	地方政府	城市更新的领导者、协调者、监督者	[1][3][4][5][7][8][9][10][12][13][15][16][17][18][19][20]	100%	100%
2	居民	生活环境、个人利益等受到城市更新的直接影响	[2][4][7][8][9][13][14][16][18][19][20]	93.33%	100%
3	社区	协助有关部门进行政策宣传、土地征收等工作	[3][6][10][16][17][20]	64.67%	75%
4	开发公司	一般为政府指定的国企作为开发平台	[2][4][5][7][9][12][13][16][17][18][19]	80%	100%
5	更新改造管理部门	建设、规划、环保、土地收储等职能部门	[5]	40%	50%
6	施工单位	更新项目的具体施工方	[3][20]	0	50%
7	社会团体	从事城市更新领域的研究机构、专家及非政府组织	[5][18]	84.67%	75%
8	租住户	承租期间受到更新改造的间接影响	[6]	24.67%	0
9	媒体	对城市更新过程进行报道和监督	[2][5]	53.33%	25%

序号	利益相关者	与城市更新的关系	来源文献	专家访谈提及频率	项目负责人访谈提及频率
10	融资组织	提供开发资金贷款，如银行、信托机构等	[2][8][10]	13.33%	50%
11	更新区域周边群体	其工作、生活可能会受到城市更新的影响	[5][9]	13.33%	25%
12	城市外来群体	住房刚需方，需要租住或购买房产	[8][11][18]	44.67%	0

由以上分析可知，城市更新全过程涉及的利益相关者众多，但参与程度各不相同。事实上，并非以上所有项目利益相关者都参与到城市更新项目治理过程中，一般情况下，只有项目的核心利益相关者才可以参与到项目治理活动中。项目利益相关方在整个项目进展过程中掌握的资源，以及这些资源的重要程度和替代性都决定了该利益相关者在网络中所处的位置。

核心的利益相关者除了掌握着对其他利益相关者影响程度大的资源，还具有动态性。利益相关者都是随着工程项目的推进不断加入和退出的，所以这是一个动态的网络关系。参与项目的核心利益相关者不可能是整个组织，只能是某些组织的代表，他们代表了各自所在企业的权利和责任，他们拥有一定的权利确定本项目在各自企业中所有项目的优先排序和资源优先配置顺序。这群利益相关者构成了具有临时性质的项目治理代表，共同对项目进行治理。

2.1.2 城市更新项目治理结构

在政府主导城市更新的模式下，由政府引导制定城市更新规划来实施城市更新。城市更新的发起人是政府，在分析城市的实际情况和发展战略的基础上，政府制定城市更新规划。通过指定某一国有企业或以招投标的方式选择开发公司进行合作，有计划地对城市中的衰落区域采取再开发、整治或保护的方式进行城市更新。

城市更新项目治理以市城市更新领导工作小组为总统筹规划单位，

市规划资源局、市建委为主要参与单位,负责城市更新区域的规划设计和土地整理工作,市房产局、市工信局、市发改委等部门负责相对应的专项工作。市级部门主要负责审批和监督各项工作,区级部门负责对接项目开发公司、当地居民和社区及第三方项目设计机构,制定项目设计方案、确定融资模式及保障城市更新项目各个利益相关方的利益平衡(图 2-1)。

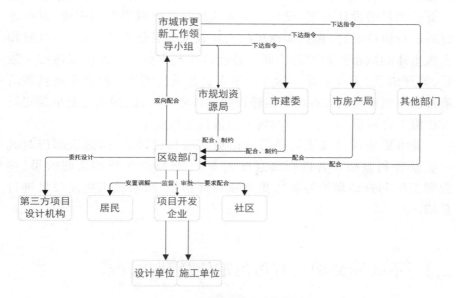

图 2-1　城市更新项目治理结构图

2.1.3 城市更新项目治理环节

城市更新项目治理首先要制定城市更新规划。城市更新规划由市城市更新工作领导小组带头,市规划资源局和市建委主要参与进行制定。制定规划前期,需要对城市更新区域进行评估,划定城市更新范围及划分城市更新单元,为后面城市更新的具体工作打下基础。

城市更新规划制定完成以后,区级部门要根据城市更新规划及城市更新单元的划分确定城市更新单元的申报主体,一般由城市更新单元所在的区级政府进行申报。申报主体根据城市更新规划要求,委托第三方机构进行城市更新单元项目方案设计与修订,在城市更新单元设计方案的制定过程中,需要与产权人进行协商,了解产权人的需求,并切实把产权人的利益诉求反映在设计方案之内。同时,还要确定城市更新项目的融资模式及开发公司的盈利模式,以保证后续项目招标的顺利进行。城市更新单元设计方案完成后报市规划资源局、市建委、市房产局等相关部门审批,审批通过后报送市城市更新工作领导小组备案。城市更新单元设计方案审批通过后,由申报主体进行招标,确定城市更新项目的实施主体。实施主体根据城市更新单元设计方案委托设计单位制定城市更新项目的设计方案,设计方案完成后报送区政府部门审批,审批通过后进行协议签订,包括实施单位与产权人的补偿安置协议、区政府和实施主体的城市更新项目合同。各利益相关方就合同及协议达成一致后,签订协议,实施主体开始进行城市更新项目实施。涉及土地整理的项目需要到市规划资源局申领建设用地规划许可证,到市建委申领建设工程施工许可证,许可证申领到手后进行工程施工。

城市更新项目竣工后进行城市更新项目后评估,由区级部门对城市更新各利益相关者进行满意度调查,了解城市更新的实施效果,并根据实际调查结果撰写城市更新项目评估报告,对城市更新项目进行总结。

2.2 不同利益相关方角色定位及利益诉求

2.2.1 项目治理目标(地方政府的定位及诉求)

政府作为公共部门,一直以来都是社会公共利益的代表,但同时也有自身利益的诉求,具有"公共利益"与"经济人"的双重属性。政府希望通过城市更新来改善物质环境,确保地区基础设施、公共服务设施和公共开放空间等的规划建设,提升地区整体形象和优化城市功能,提高居民生活水平,实现地区发展目标。

推动城市更新发展的政治动力源自政府。城市更新能够促进城市经济发展,产业结构升级,提升居民生活质量,有利于塑造城市形象、提升城市竞争力,同时改善政府形象,唤起民众意识,促进公众参与。政府往往通过制定城市发展战略、城市规划来促进城市的更新。例如,上海政府发布的《上海市城市总体规划(2015—2040)纲要》,在立足上海实际,借鉴国际城市发展经验的基础上,从发展目标、模式、策略和实施保障四个部分规划了上海的城市发展蓝图,其中重点聚焦的空间体系、产业布局、城乡社区、城市魅力等领域,与上海的城市更新密不可分。

推动城市更新发展的经济动力也来自政府。现阶段的城市发展,需要通过城市更新来挖掘潜力,优化城市产业结构,激发城市新活力。通过城市更新,改善政府财政、创造就业机会、增加投资收益,提升城市整体的经济效益。

在市场经济条件下,市场在资源配置中具有重要的作用,但市场也存在着本质上的弱点,市场失灵将导致公共利益受到损害。公共服务领域的利润极低,若仅依靠市场的运作,不可能完成公共服务领域项目的建设或维持,或者打折扣地完成。因此,需要政府发挥"无形的手"的引导调控作用,对城市更新的市场化运作进行宏观调控,保证城市更新顺利进行。

在城市更新过程中,相对其他利益主体,政府所处的地位较为强势。在城市更新中政府的利益需求主要体现在:提高城市的经济实力与竞争力、提升城市形象;增加政府财政收入;促进居民就业和推动民生发展。

2.2.2 开发公司的定位及诉求

南京市城市更新的实施主体多为政府指定的国有企业,国有开发公司享受政府提供的资金等各项资源,在开发强度、用地布局等方面往往具有较强的话语权,在城市更新方案编制过程中能获得表达需求的机会,从而推动方案实施并获得相应的利润。

开发公司的角色定位在于挖潜土地的使用价值,其诉求就是在保障公共利益的前提下获得更大的利润。

2.2.3 居民的定位及诉求

在城市更新中,居民是利益相关者的代表,代表着广大群众的利益。居民具有人数众多、分布广泛、利益诉求多样化的特点。城市更新中的居民主要包括几种类型:生活或工作在更新区域中的居民,如当地居民或商户租户等;生活工作不在更新区域中,但日常活动受更新区域影响的居民,如更新区域周边的居民等;在更新区域影响范围以外,但会与更新区域有短时间接触的居民,如游客等。在本章的研究范围内,界定的居民范围为生活或工作在更新区域内的居民,因为此类居民才是我们所探讨的核心利益相关者。

推动城市更新发展的社会动力和文化动力来自居民。城市更新带动城市的就业率增加,进而促进了家庭收入增加。在经济收入提升的基础上,居民的生活质量不断提升,社区环境得到改良,教育机会越来越多,卫生条件逐渐改善,促进了社会的和谐发展。通过城市更新,改善了衰落地区的落后生活条件,提供公共设施满足了居民的物质和精神文化需求,同时,城市更新有利于城市文化的传承。通过进行保护性城市更新,对具有文化历史价值的建筑进行保护性开发,保留其重要的文化历史意义,赋予其适应时代的新活力。

在城市更新中,居民处于较为弱势的地位,但城市更新过程中的社会公共问题与居民有着最密切的关系。居民在城市更新中的利益需求主要表现在追求更好的居住生活条件与环境,在拆迁中希望得到合理的补偿金等方面。

从西方国家城市更新的经验来看,居民在城市更新过程中发挥着重要的作用,居民广泛参与到城市更新中。目前我国城市更新机制中缺乏居民维护自身利益的资源和有效途径,居民很少真正参与到城市更新的决策和实施过程中来,但目前我国居民的参与意识逐渐增强,居民正在尝试通过各种渠道参与到城市更新的决策和实施过程中来,群策群力,维护自身的合法权益,促进城市更新的科学和谐发展。居民个体的力量是有限的,但居民团体对城市更新的规划设计和进程会产生很大程度的影响。因此作为利益主体的一部分,居民在城市更新中发挥的作用是巨大的。

2.3 城市更新项目治理影响因素识别

2.3.1 基于文献研究法的影响因素识别

尽管国外关于城市更新项目治理的研究已逐渐建立起多种研究

范式,并获得了一定的成果,但由于其理论和实践易受当地经济和社会背景的制约,脱离国内实际社会背景的项目治理的研究很难获得理想的结果,而且,有关文献的研究也会有一定的时间限制。为此,本研究拟对 2018—2022 年间中国城市更新项目治理的相关文献进行量化和呈现,并对其进行梳理,从中识别影响城市更新项目治理的要素。

　　关键词分析可以对学术文献中的话题进行可视化呈现,有助于对有关文献的研究内容进行评价。通过文献中的关键词,研究人员可以迅速地对文献的研究框架、内容等有一个大致的认识,并根据对关键词的理解,对文献的思路和逻辑做出一个直观的判断。所以,本研究除了对筛选出的有关文献的基本轮廓进行整理之外,还对文献的关键词展开深度的分析,以识别到更为全面、准确的城市更新项目治理影响因素。其主要步骤是:首先,运用资料统计学的手段,展现并分析目前国内关于城市更新项目治理的研究现状,从而把握城市更新项目治理的整体研究状况;其次,对文献关键词进行词频分析,并根据词频分析结果确定影响城市更新项目治理的因素。

　　关键词在其所属领域的文献中出现频次的高低表明了其对应的内容的重要性,而词频分析正是以这一思想为基础,对关键词出现频次的高低进行分析,从而来决定元素识别的重点方向。因为文章主要围绕"城市更新""项目治理""影响因素"进行检索,所以本研究对选出的 23 篇含有"城市更新""项目治理""影响因素"等关键词的文章进行分析,通过对收集到的关键词进行合并、剔除等处理,获得了 150 个具有差异的关键词,按照"二八定律""20% 的关键词可以表示 80% 的成果"这一规律,对其中在论文中使用频率较高的 50 个关键词进行了分析。50 个高频关键词相关信息见表 2-2、图 2-2。

图 2-2　城市更新项目治理词频分析图

表 2-2　高频关键词相关信息表

序号	关键词	词频	权重	序号	关键词	词频	权重
1	居民	653	0.923	26	权力	108	0.7813
2	政府	612	0.8959	27	开发商	104	0.7765
3	空间	588	0.8967	28	技术	103	0.7488
4	利益	523	0.8926	29	钉子户	102	0.7745
5	项目	444	0.8691	30	创新	90	0.7498
6	规划	333	0.8561	31	群体	89	0.7626
7	公共	286	0.8505	32	拆迁	83	0.7742
8	改造	283	0.8529	33	诉求	82	0.7787
9	政策	269	0.8355	34	正义	80	0.7661
10	模式	246	0.8282	35	街道	78	0.7552
11	制度	246	0.8308	36	保障	77	0.7398
12	补偿	237	0.8493	37	协调	77	0.7413
13	公众	196	0.8275	38	博弈	75	0.7758
14	环境	185	0.7981	39	建筑	74	0.7357
15	征收	176	0.8293	40	权利	73	0.7394

序号	关键词	词频	权重	序号	关键词	词频	权重
16	协商	173	0.8209	41	分配	72	0.7413
17	合作	172	0.7938	42	平衡	72	0.7417
18	资源	154	0.7855	43	企业	69	0.7184
19	土地	144	0.7967	44	犯罪	67	0.7386
20	腾退	144	0.8024	45	责任	66	0.7187
21	需求	132	0.7784	46	矛盾	66	0.7337
22	冲突	127	0.7945	47	沟通	64	0.7274
23	保护	122	0.771	48	谈判	64	0.7395
24	设计	121	0.7648	49	治安	63	0.7412
25	设施	117	0.7728	50	标准	62	0.7138

　　根据以上对近几年关于城市更新项目治理影响因素相关研究的关键词的整理,可以分析出关键词主要包含以下几类:第一是城市更新项目治理主体,包括居民、政府、开发商等;第二类是城市更新项目治理的一些影响因素,包括政策、模式、制度、技术等;第三类是城市更新项目治理影响因素的一些外显具体问题,包括冲突、钉子户、犯罪等;最后一类是城市更新项目治理的一些针对性策略,包括协调、保障、责任、创新等。

　　根据对以上文献的分析研究,对城市更新项目治理的影响因素及影响结果进行内容识别,识别出内容如表 2-3 所示。

表 2-3　基于文献研究的城市更新项目治理影响因素识别内容表

序号	影响因素	影响因素类别	学　者
1	地方财政支持	经济因素	戴德胜(2017)
2	区域更新后商业收益分配	经济因素	戴德胜(2017),彭舒妍(2021)
3	社会资本引入	经济因素	刘伟(2021),钟晓华(2019)
4	拆迁补偿方案合理制定与实施	经济因素	邵任薇(2021),黄卫东(2021),彭舒妍(2021)
5	项目治理机构完整,分工明确	政策因素	刘伟(2021),黄卫东(2021),谭日辉(2019)

序号	影响因素	影响因素类别	学　者
6	市场介入机制	政策因素	车志晖（2017）
7	产业培育	政策因素	车志晖（2017）
8	协商机制	政策因素	孙辉（2021），高璐（2021），张俊（2021），黄卫东（2021），张帆（2019）
9	城市更新制度体系建设、政策引导	政策因素	刘伟（2021），黄卫东（2021），谭日辉（2019），车志晖（2017），施芸卿（2019）
10	公众、专家、学者参与度	政策因素	杨璇（2020），郑大勇（2020），高璐（2021），张俊（2021），李振锋（2020），谭日辉（2019），彭舒妍（2021），张帆（2019）
11	个人利益与公共利益平衡	实施因素	高璐（2021），张俊（2021），黄卫东（2021）
12	项目目标、设计方案的合理性、规范性	实施因素	曾永都（2020），杨璇（2020），张俊（2021），钟晓华（2019）
13	居民利益诉求表达与反馈	实施因素	高璐（2021），黄卫东（2021），彭舒妍（2021），钟晓华（2019），张帆（2019）
14	智能化、精益化治理工具、手段的应用	实施因素	谭日辉（2019），钟晓华（2019）
15	生态环境建设	社会因素	车志晖（2017）
16	城市配套设施建设	社会因素	戴德胜（2017），张俊（2021），黄卫东（2021）
17	历史风貌保护	社会因素	曾永都（2020），张俊（2021）
18	更新流程规范合理	管理因素	高璐（2021），黄卫东（2021），彭舒妍（2021），施芸卿（2019）
19	政府管理、监督能力	管理因素	黄卫东（2021），彭舒妍（2021）
20	更新成效考评	管理因素	车志晖（2017）

2.3.2 基于案例分析法的影响因素识别

在对具有代表性的文献进行整理和分析的基础上，可以比较完整地辨识出城市更新项目治理所涉及的包括影响因素、项目结果在内的组成要素。文献研究法存在着一些局限性，比如，识别出来的结果可能与现实情况存在偏差、某些要素可能存在遗漏等。而案例分析方法恰好可以弥补传统的文献研究方法的局限,从而更有代表性地确定城市更新项目治理的影响因素。为此,本研究拟在前期文献调研的前提下,采用案例分析法对城市更新项目治理要素进行全面、准确的识别。

其次,基于百度 2013—2023 年间的数据,本研究将对中国城市更新项目治理领域中的关键词进行量化与可视化呈现,并对其进行深度解析,提炼出影响项目治理的关键因素,以及项目内部矛盾等重要因素。百度指数(Baidu Index)是对大量用户检索的热点信息进行挖掘,形成一个巨大的信息资源库,可以为社会个体、政府部门、科研人员和企业等提供有效的信息服务。每个百度用户的搜索结果都可以在某种程度上体现出他们的倾向性及相应的诉求,百度索引就是通过对百度用户搜索的关键词所蕴含的倾向性及诉求等信息进行全面的分析,然后将这些信息进行索引而得到的结果。百度索引可以直接反映在线用户对特定类型事件的关注度,并通过用户的群体特征分析,显示出用户的年龄、性别、地域和诉求等分布特征。与此同时,百度索引的搜索内容均反映了使用者的主观意图,其搜索的过程更加客观和真实,所得到的结果更符合实际情况。因此,本研究拟从百度索引中提取“城市更新”和“项目治理”两个关键词,结合百度索引中的群体特征,选择 2013—2023 年中国最具代表性的三个地区,结合百度百科、网络媒体和相关纸质媒体(报刊、杂志等),梳理出 3 个中国最具代表性的项目,对 3 个项目的项目治理影响因素进行深度剖析,从而明确中国城市更新项目治理的影响因素,并形成关键因素辨识指标。

2.3.2.1 深圳佳兆业城市广场项目

佳兆业国际购物中心位于龙岗区坂雪岗科技园的核心区域,它的前身是宝吉工艺品(深圳)有限公司。宝吉工厂曾经是世界上最大的圣诞树制造商,在 2008 年因财务风暴而倒闭后,被佳兆业集团于 2010 年 1 月以 8.4 亿元的高价买下,并且在深圳政府的帮助下,计划把原来的宝吉工厂改造成一个集商业、住宅和学校于一体的大型复合式建筑群——佳兆业大厦。深圳市龙岗区在 2011 年 1 月发布了同意宝吉厂旧改的《关于宝吉工业区(华为片区 GX03 更新单元西片)专项规划审查意见的函》;本工程于 2011 年 3 月被列为深圳市“十二五”60 项重大建设计划中的其中一项；佳兆业集团于 2011 年 9 月已就该工程区域内的房屋征收、拆迁事宜进行了洽谈，并签署了《搬迁补偿协议书》；到 2012 年 12 月底已完成选房。

佳兆业都市广场规划用地 40 万平方米，建筑面积 180 万平方米，分四个阶段进行，2012 年 12 月完成了第一次开盘，项目从获取到首开时滞 35 个月。截至 2019 年末，佳兆业城市广场已经开发 3 期，是包含学校、写字楼、商业购物中心的大型综合体项目（图 2-3）。

2010 年 1 月佳兆业以 8.4 亿元价格收购宝吉厂	2011 年 3 月宝吉厂项目被列入深圳市"十二五"重点工程项目	2012 年 12 月所有回迁户完成选房工作
2011 年 1 月龙岗区政府批准宝吉厂城市更新项目	2011 年 9 月佳兆业完成项目内的搬迁和拆迁谈判，并全部签订《搬迁补偿协议书》	2012 年 12 月项目完成首次销售

图 2-3　深圳佳兆业城市广场项目进度图

项目治理影响因素：政府政策支持、市场化城市更新模式、更新地块区位优势、拆迁流程合理、拆迁补偿合理。

项目治理结果：项目进度快、利益相关方满意度高。

2.3.2.2 北京市西城区首创新大都园区项目

新大都公园坐落在北京车公庄大道 21 号，始建于 1945 年，在 1970—2000 年间历经的多次改建，使公园内各具特色。在 2017 年，当地政府计划将它改造成一个金融科技园区，这个园区的占地面积为 2.97 公顷，总的建筑面积为 5.77 万平方米，其中地上面积为 3.75 万平方米。经过一系列的更新，大楼的面貌得到了很大的改善：提高了建筑的隔热节能能力，减少了建筑的能源消耗；无论是建筑功能还是设备，都更加符合金融科技和设计创意等行业的发展需要。目前，已经有国家中小企业基金、中材北京建筑节能公司、中国船舶保险、中国船舶财务首创环保集团、北京广州规划研究院等多家企业入驻。

项目治理影响因素：历史建筑风貌保护、生态环境保护、引入外部基金、建立智慧管理系统、产业升级、城市配套设施建设。

项目治理结果：利益相关方满意度高。

2.3.2.3 上海中海普陀区红旗村项目

2015 年 3 月，上海普陀区红旗村开始进行改造，由上海普陀区国有企业上海中环投资发展有限公司负责，到 2016 年底，已基本结束土地一级整理工作。上海海升环盛地产有限公司、上海中环投资开发（集团）有限公司、上海新长征（集团）有限公司的控股股东分别持有 70%、20% 和 10% 的股份，最终以高达 93.99 亿元的价格拍下了红旗村 4 宗土地；在 2020 年的 1—2 月份，联合体又以 19.14 亿的价格拍下了红旗村的剩余土地。在出让地块上，竞得人需要配备租赁房、保障房、广场、公共设施、社区配套设施等。与此同时，还需要引入研发中心、科技创新、现代商贸等与普陀区产业定位相匹配的企业。2019 年 8 月，中海甄如府首期开盘，项目从拿地到首开仅 10 个月。

项目治理影响因素：政府主导更新的模式、联合体开发模式、城市配套设施建设、产业培育和升级、开发主体融资能力。

项目治理结果：项目进度快、利益相关方满意度高。

2.3.3 项目治理影响因素内容清单

通过进行城市更新项目治理影响因素的关键词分析和对以上 23 篇文献影响因素进行识别，并结合三个有代表性的城市更新项目案例，总结了城市更新项目治理影响因素，并分为经济因素、政策因素、实施因素、社会因素、管理因素 5 类。对以上城市更新项目治理影响进行梳理、分析，可以总结出城市更新项目治理影响因素所造成的结果，项目结果分为 2 个分析维度，分别为利益相关者满意度和项目效果，利益相关者满意度分为居民满意度、开发商收益水平和政府公信力，项目效果分为项目进度、环境改善和项目资金消耗。根据以上项目影响因素及项目效果分析，可以列出如下城市更新项目治理构成要素清单，如表 2-4 所示。

表 2-4　城市更新项目治理影响因素内容清单

构成要素	编号	指标	序号	识别内容
影响因素	A1	经济因素	A11	地方财政支持
			A12	区域更新后商业收益分配
			A13	社会资本引入
			A14	基金参与
	A2	政策因素	A21	项目目标、设计方案的合理性与规范性
			A22	市场介入机制
			A23	产业培育和升级方案
			A24	协商机制
			A25	城市更新制度体系建设、政策引导
			A26	拆迁补偿方案合理
	A3	实施因素	A31	公众、专家、学者参与度
			A32	个人利益与公共利益平衡
			A33	项目治理机构完整,分工明确
			A34	居民利益诉求表达与反馈
			A35	智能化、精益化治理工具与手段的应用
			A36	更新地块区位优势
			A37	拆迁补偿方案有效落实
	A4	社会因素	A41	生态环境保护
			A42	城市配套设施建设
			A43	历史风貌建筑保护
	A5	管理因素	A51	更新流程规范合理
			A52	政府管理、监督能力
			A53	更新成效考评
项目治理成效	B1	利益相关方满意度	B11	居民满意度
			B12	开发商收益水平
			B13	政府公信力
		项目效果	B14	项目进度
			B15	项目资金流
			B16	环境改善

2.4　城市更新项目治理影响因素模型构建及验证

2.4.1 理论模型构建方法的选择

本研究通过文献研究、关键词分析、专家及项目参与者访谈等方法识别出了城市更新项目治理影响因素的内容清单，并结合实际作出影响因素的逻辑关系假设。在接下来的研究中，需要应用实证分析方法对假设关系进行验证性分析，检验假设是否合理，并根据实际数据对假设进行增删和修改。为了保证实证研究部分的科学性和有效性，需要选取一个适用的实证分析方法。根据以往研究者常用的实证研究方法，本研究梳理了常用实证研究方法的特征和优劣势对比，以便于选取一种最合适的方法应用于本研究的后续实证分析部分，见表 2-5。

表 2-5　常用的实证研究方法简要对比

序号	方法	特征	优劣势	适用对象
1	结构方程模型	基于回归分析的原理，对系统内部逻辑关系进行分析，通过结构方程模型构建和验证，对影响因素内部关系进行揭示和分析	使用结构方程模型图进行表示，关系清晰；定量分析影响关系，较为精确；分析原理科学；可以分析关键影响因素和影响路径。但对数据质量要求较高	适用于复杂度比较高，需定量化分析的研究
2	贝叶斯网络模型	构建网络模型来表达因素间影响关系，利用贝叶斯公式分析产生的原因	通过网络图展现影响关系较为清晰且直观；对数据质量要求不高。但无法分析影响因素间的重复影响关系	适用于模糊的影响关系的确定
3	BP 神经网络模型	通过构建拓扑网络结构模型来对实际数据进行验证分析，并且可以重复输入，优化模型	可以进行自主优化，提高研究者的研究效率，且结构经模型优化后更加科学可信。但该方法对数据数量和质量的要求较高	适用于大样本数据量的复杂研究

序号	方法	特征	优劣势	适用对象
4	系统动力学模型	构建反馈图和系统流图来展示影响关系,再通过仿真的形式分析因素间的影响关系及路径	系统流图展示的形式较为直观;对样本数据量要求不高。但分析的准确度不稳定,不够科学和精确	适用于精确要求不高,数据量较少的研究

基于城市更新项目治理的作用关系、项目治理影响因素及项目结果的层次结构,结合表2-5中常用实证方法的特点及适用对象,本研究选择结构方程模型对城市更新项目治理影响因素及其关键影响路径进行实证分析。

2.4.2 模型构建与研究假设

2.4.2.1 模型建立

结构方程模型构建包含结构模型的构建和测量模型的构建,结构模型描述的是潜变量之间的影响关系,测量模型描述的是潜变量和测量变量之间的影响关系。

（1）结构模型构建

在本章归纳总结了城市更新项目治理的影响因素内容清单,并将全部的影响因素划分为5个维度,分别为政策因素、经济因素、实施因素、管理因素和社会因素。项目治理成效分为项目效果和利益相关方满意度,所以可归纳为政策因素、经济因素、实施因素、管理因素和社会因素对项目治理成效的影响。五类影响因素为外生潜变量,项目治理成效为内生潜变量,由此,可以建立城市更新项目治理影响因素的结构模型,如图2-4所示。

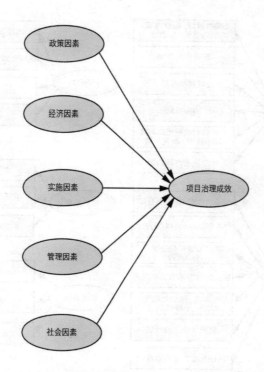

图 2-4　城市更新项目治理影响因素结构模型图

（2）测量模型构建

因为潜变量不能被直接测量，所以需要测量变量来对潜变量进行描述，每个潜变量和其对应的测量变量的关系的构建就是测量模型的构建过程。通过前文的分析及对影响因素内容清单的整理总结，可以构建出五个外生潜变量和一个内生潜变量的测量模型，如图 2-5 和图 2-6 所示。

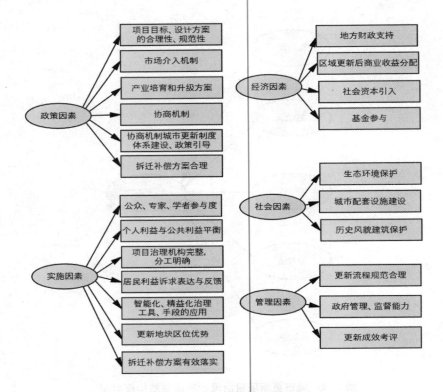

图 2-5 外生潜变量测量模型图

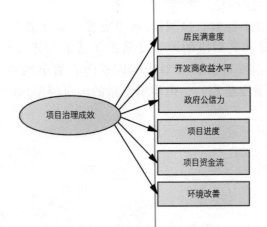

图 2-6 内生潜变量测量模型图

根据以上分析,应用 AMOS24.0 画出影响因素关系的假设模型,根据潜变量之间的耦合、促进关系,建立城市更新项目治理影响因素结构方程模型路径图,如图 2-7 所示。

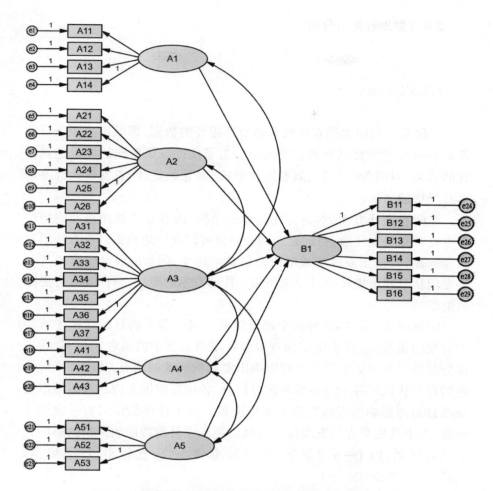

图 2-7 城市更新项目治理影响因素结构方程模型路径图

2.4.2.2 模型研究假设

根据以上分析及研究,可以提出如下关于潜变量之间关系的研究假设:

H1:经济因素对城市更新项目治理成效有正向作用。

H2:政策因素对城市更新项目治理成效有正向作用。

H3:实施因素对城市更新项目治理成效有正向作用。

H4:社会因素对城市更新项目治理成效有正向作用。

H5:管理因素对城市更新项目治理成效有正向作用。

2.4.3 数据收集与分析

2.4.3.1 问卷设计

本研究采用问卷调查法收集研究所需要的数据,即城市更新项目治理影响因素对项目结果影响的大小。为了使得收集数据的质量达到研究的要求,对问卷的设计、问卷发放形式、问卷数量、问卷发放人群等都要有严格的要求。

在问卷设计方面,本研究在问卷的结构、内容和礼貌用语及简洁性等方面都有特别注意,目的是让调查对象可以真实地根据自身看法填写问卷问题,以便于获取有效的研究信息。此外,问卷的设计也参考了一些专门从事城市更新项目治理相关工作的专家的意见,对问卷进行更细致的斟酌。

调查问卷主要由前后两个部分组成。前一部分的目的在于了解调查对象的情况,以便于确定调查对象在城市更新中的角色定位等,后半部分是关于城市更新项目治理影响因素影响程度的调查,要求调查对象根据自身认识对各个影响因素进行打分,各项影响因素内容参照城市更新项目治理影响因素内容清单进行设置。为了让评估结果有一定的区分度,本书选用李克特五级量表对城市更新项目治理影响因素的影响大小进行评估,以 1—5 分表示,其中 1= 非常小,2= 比较小,3= 一般,4= 比较大,5= 非常大。

2.4.3.2 问卷收集

本研究针对于特定的城市更新领域,对专业性要求较高,所以在调查对象方面要有针对性。本研究要求调查对象从事城市更新相关领域的工作或者研究,为了使问卷有更高的质量,并结合现实可实现性,本研究对问卷调查对象做了更细致的要求。主要包括从事城市更新研究的学者和同学,在政府部门从事城市更新项目相关工作的人员,从事城市更新项目设计、施工或投资的企业人员,参与过城市更新项目的居民,参与过城市更新工作的街道、社区工作人员和社会公众等群体。

考虑到问卷发放的效率和填写质量,本研究问卷的发放形式主要是网络发放,借助问卷星平台单独发送给被调查对象,如果对问卷问题设计或其他有疑问的,则通过面对面或者电话的形式进行进一步的沟通和解释说明,以达到预期的问卷填写质量。

在发放问卷数量方面,参考结构方程模型对样本数的要求,发放数量应该大于150份才能更好地进行模型拟合和进一步的分析。因为本研究对样本质量要求较高,考虑到现实情况,共发出问卷195份,但部分问卷填写时间少于30秒,研究认为其填写时间过短,调查对象无法对问卷题项准确表达意见,故认定其为无效问卷。去除掉无效问卷,最终回收163份有效问卷,回收率为83.6%,样本量也满足了进一步分析的要求,可以进行后续的分析和研究。有效数据的调查对象的基本状况见表2-6。

表2-6 调查对象基本情况表

受访者基本情况		数量	占比
您的性别	男	95	56.28%
	女	68	41.72%
您参与城市更新项目中的角色	政府部门工作人员	16	10.22%
	参建企业(建设单位、施工单位等)	17	10.49%
	居民	61	34.96%
	专家学者	44	25.01%
	社会公众(媒体、非官方组织等)	25	13.33%
您参加工作的时间年限	2年以下	61	40.88%
	2—5年	34	13.87%
	5—10年	13	13.14%
	10年以上	24	32.12%
您参与城市更新项目的类别	居住类片区(老旧小区改造等)	112	66.61%
	生产类空间(老旧厂区转型升级等)	4	2.19%
	公共类空间(城市小微空间打造等)	20	12.41%
	综合类片区(社区综合微更新等)	27	14.79%
您对城市更新项目治理的了解程度	非常了解	142	85.12%
	一般了解	21	12.88%

根据以上统计结果可以看出,样本中男性比例占比较高,大概高出女性样本数二分之一,考虑到调查领域的行业背景,样本数据的性别比例在正常范围内。样本在城市更新项目中承担的各角色比例均超过10%,说明样本具有较好的分布性和代表性,其中,居民和专家学者较多,原因在于居民在城市更新项目治理过程中人数基数较大,而且研究者发放问卷时面向导师、同学等,所以专业领域内的专家学者样本也相对较多。样本数据中参加工作的年限在2—10年以上,分布较为均匀,样本具有代表性。对于城市更新项目的类别,居住类项目样本数明显多于其他类别,占到样本总数的一半以上,这也和城市更新项目实际实施情况相符合。由熟悉程度可知,大多数调查对象对城市更新项目治理非常了解,小部分一般了解,说明样本数据具有可信性。

2.4.3.3 数据统计与信度效度检验

本研究用问卷调查法收集了城市更新项目治理影响因素的数据,但以上数据还不能直接应用于模型拟合,因为数据的可靠性和有效性还不可知。所以,本节需要对问卷调查收集到的数据的可靠性和有效性进行检验,只有通过了可靠性和有效性检验,才能进入后续的模型拟合和评价。

首先,结构方程模型要求样本数据接近正态分布,本研究通过峰度和偏度来衡量样本数据的分布情况,运用SPSS19.0对样本数据进行描述性统计分析,峰度和偏度值均位于(-2,2),具体见表2–7,说明样本数据的分布基本符合正态分布,满足进一步分析的要求。

表2–7　样本数据描述性统计表

变量	N	极小值	极大值	均值	标准差	方差	偏度	峰度
A11	163	3	5	3.95	.724	.524	.080	−1.070
A12	163	2	5	3.48	.611	.374	.059	−.308
A13	163	2	4	2.86	.689	.475	.196	−.878
A14	163	1	3	2.22	.669	.448	−.286	−.779
A21	163	4	5	4.63	.485	.235	−.539	−1.736
A22	163	2	4	3.41	.592	.350	−.425	−.674
A23	163	2	4	2.55	.557	.310	.326	−.908

续　表

变量	N	极小值	极大值	均值	标准差	方差	偏度	峰度
A24	163	2	4	2.74	.547	.300	-.067	-.369
A25	163	3	5	3.72	.557	.310	.003	-.485
A26	163	3	5	4.29	.671	.451	-.414	-.777
A31	163	2	4	2.80	.635	.404	.189	-.597
A32	163	2	4	3.27	.604	.364	-.191	-.543
A33	163	3	5	4.29	.715	.512	-.488	-.926
A34	163	2	3	2.63	.485	.235	-.539	-1.736
A35	163	2	5	3.40	.686	.471	.146	-.116
A36	163	3	5	3.86	.602	.363	.063	-.302
A37	163	4	5	4.67	.470	.221	-.752	-1.457
A41	163	2	4	2.79	.688	.474	.303	-.869
A42	163	3	5	3.78	.634	.402	.216	-.610
A43	163	2	5	3.17	.746	.557	.152	-.344
A51	163	2	5	4.39	.549	.302	-.130	-.928
A52	163	2	5	3.67	.614	.377	-1.066	.937
A53	163	1	4	2.80	.623	.388	-.798	1.397
B11	163	3	5	4.39	.758	.575	-.781	-.834
B12	163	3	5	3.80	.746	.556	.338	-1.131
B13	163	2	5	3.39	.717	.514	.155	-.152
B14	163	4	5	4.67	.470	.221	-.752	-1.457
B15	163	3	5	4.27	.721	.520	-.464	-.965
B16	163	2	5	3.61	.718	.515	-.129	-.173

　　接下来,要对样本数据进行信度和效度的检验。信度检验反映的是数据的一致性,效度检验反映的是问卷收集的数据的有效性。

　　(1)信度检验

　　本研究构建了一个基于回归关系的测量模型和结构模型结合的理论模型。针对于数据可靠性的要求,本研究采用 SPSS19.0 对数据的可信度进行检验。信度检验一般指的是对收集到的样本数据的稳定性进行检验,其表达含义为在同一套方法下,对同一个指标的计算结果应该具有一致性,而且多轮取得的结果也应该具有一致性。本研究选取比较常见的克隆巴赫阿尔法系数检验,对样本数据进行了稳定性评价。一般来说,alpha 系数的取值在 0—1 之间,alpha 系数的取值越是趋于 1,就说明样本数据的稳定性就越强,相反,样本数据的稳定性就会越差,更不可信。通常,当 alpha 值在 0.7 以上时,即表示该调查问卷的可靠性合格。alpha 系数的选取幅度和评价标准参见表 2-8 中 alpha 可靠性评价标准。

表 2-8　信度系数评判标准表

信度范围	评判标准
$0.9 \leqslant alpha \leqslant 1.0$	信度非常高,可信
$0.7 \leqslant alphas < 0.9$	信度较高,可信
$0.35 \leqslant alpha < 0.7$	信度一般,可信
$alpha < 0.35$	信度差,不可信

本研究利用 SPSS19.0 计算出了 alpha 系数值,从而对问卷所测量数据的可靠性进行了判定,主要是对城市更新项目治理影响路径的结构方程初步模型中,相同潜变量下的观察变量之间的一致性和所有观察变量的总体一致性进行了验证。具体变量 alpha 系数值如表 2-9 所示。

表 2-9　信度分析结果表

潜变量	alpha	指标数量
A1	0.884	4
A2	0.876	6
A3	0.936	7
A4	0.802	3
A5	0.722	3
B1	0.749	6

通过对 alpha 系数的分析,可以看出在调查问卷中全部潜在变量的 alpha 值均大于 0.7。在此基础上,根据我国城市更新项目的具体执行状况,所采集的样本资料的可信性已被确认,并已通过了信度测试。

（2）效度检验

本研究利用 SPSS19.0 软件进行了因子分析,对调查问卷内容的有效性进行了验证。在这一步之前,我们要选择 KMO 和巴特莱特球形检验来确定根据调查结果得到的资料是否适合因子分析。巴特莱特球形检验可以用于评价样本数据的适用性；KMO 检验可以用来分析各变量间的相关性。上述两项指标的数值和评价指标标准如表 2-10 所示。

表 2-10　KMO 取值与评判标准

KMO 值	评判标准	KMO 值	评判标准
0.9 ≤ KMO < 1.0	很适合	0.6 ≤ KMO < 0.7	一般适合
0.8 ≤ KMO < 0.9	较适合	0.5 ≤ KMO < 0.6	不太适合
0.7 ≤ KMO < 0.8	适合	KMO < 0.5	不适合

基于 SPSS19.0 的运算,数据的 KMO 与巴特莱特球形检验结果如表 2-11 所示。

表 2-11　KMO 与巴特莱特球体检验结果表

取样足够度的 Kaiser-Meyer-Olkin 度量		0.850
Bartlett 的球形度检验	近似卡方	3003.467
	Df	406
	Sig.	0.000

表 2-11 中的结果表明,该样本资料的 KMO 系数是 0.850,巴特莱特球形检验的显著水平是 <0.05,满足条件,说明该样本资料适用于因子分析。利用 SPSS19.0 对"城市更新项目治理影响因素内容清单"中的 29 个指标的数据收集结果进行主成分分析,一共提取出了 6 个主成分,因子方差累计贡献率如表 2-12,通过此表可以看出,这 6 个主成分(潜变量)对原变量的方差解释能力大约为 70%,大于社科研究样本数据需要达到 60% 及以上的要求,可以认为样本数据效度检验通过。

表 2-12　解释的总方差比例

成份	初始特征值			提取平方和载入		
	合计	方差的 %	累积 %	合计	方差的 %	累积 %
1	10.518	34.269	34.269	10.518	34.269	34.269
2	3.462	11.939	46.208	3.462	11.939	46.208
3	2.876	9.917	56.125	2.876	9.917	56.125
4	1.366	4.709	62.834	1.366	4.709	62.834

成份	初始特征值			提取平方和载入		
	合计	方差的 %	累积 %	合计	方差的 %	累积 %
5	1.249	4.305	65.139	1.249	4.305	65.139
6	1.213	4.181	71.321	1.213	4.181	71.321
提取方法：主成分分析						

本章所设计的调查问卷内容，是在对该领域中具有高质量和强代表性的文献资料进行分析的基础上，与国内比较有代表性的真实个案进行了对比，从而得出结论：本章所设计的调查问卷内容结构合理，层次分明，所选择的指标具有较强的适用性。因此，本研究所设计的调查问卷内容比较完整和合理。

2.4.4 模型拟合与修正

本研究采用基于结构方程模型的分析方法，对城市更新项目治理影响因素进行实证分析。在前文中，首先提出了本研究所需的假设理论模型，然后利用 AMOS24.0 进行了相应的建模，将问卷调查收集到的实际数据导入假设模型对模型的有效性进行了验证，接下来需要根据模型运行后输出的参数结果对模型拟合效果进行评价，如果未达到拟合要求，则根据参数情况对模型进行修正，修正后再进行运行拟合，如此循环，直到模型较好地拟合了实际数据，说明此模型可以代表现实中的城市更新项目治理影响机制，可以据此进行进一步分析。

2.4.4.1 初始模型拟合与评价

在上文中，本研究已经构建好了本章所需的理论模型，并使用AMOS24.0 构建出假设的理论模型，模型包含了潜变量及表达潜变量的观测变量，还有潜变量之间的逻辑关系信息。

同时，对从调查问卷中收集到的观察数据的信度和效度展开了研究，将参数导出后可以看出，通过调查问卷收集的样本数据的可信性和可靠性都与结构方程模型的要求相吻合。接下来，将对理论模型的拟合度展开评估。这一步的目的是对所构建的理论模型与通过调查问卷收集到的样本数据的符合程度进行评估。可以直接对 AMOS24.0 运行后导出的参数结果与参数理论值进行对比分析,来确定数据和模型的匹配程度。常用的评估参数标准如表 2-13 所示。

表 2-13　常用拟合度评价指标表

指标类型	名称	评判标准
绝对拟合指标	λ2	显著性概率值 p > 0.05
	RMR	< 0.05 适配良好,< 0.08 拟合基本符合要求
	GFI	> 0.9,越趋向 1 表示拟合越好
	AGFI	> 0.9,越趋向 1 表示拟合越好
	RMSEA	< 0.05 适配良好,< 0.08 拟合基本符合要求
相对拟合指标	IFI	> 0.9,越趋向 1 表示拟合越好
	CFI	
	NFI	
	RFI	
精简拟合指标	PNFI	> 0.05
	PGFI	> 0.05
	AIC	越小表示越优
	CMIN/DF	< 3

　　将收集到的数据导入假设模型,进行初始模型的拟合,拟合后得到的结构方程模型如图 2-8 所示。

　　接着要对初始模型进行拟合评估,可以对结构方程模型进行拟合评估的指标有很多,每一类指标都有各自的特征,在具体的应用过程中,要根据所研究对象与实际数据的情况,选择不同的评价指标。一些学者认为,在选取不同的评估指标时,应着重注意如下问题:一是对模型拟合(适应)指标的界定及应用要有充分的理论依据作为支撑,且指标的选取还存在着一些模糊不清的问题;二是各种评估方法本身并无好坏之分,但对不同的研究对象而言,却有适用和不适用之分,这就要求我们在实际运用中进行针对性选取;三是在进行结构方程模型的拟合和模型运行时,要注重理论基础的支持,并应该以基本理论的可靠性和有效性为基础,用数学统计来引导决策行为。在这一背景下,本研究结合实际研究背景,选取 RMR、PNFI、PGFI、CFI、CMIN/DF 这 5 个评估

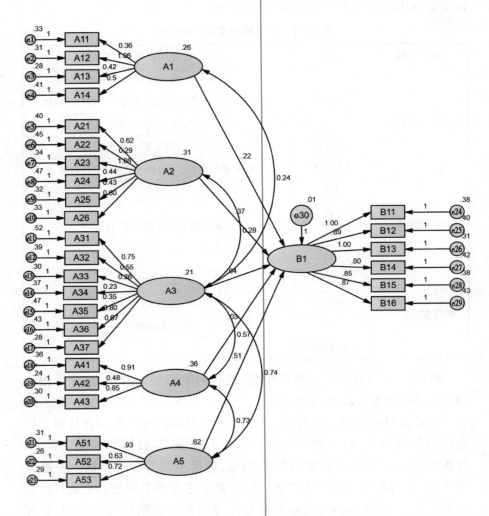

指标,以最大限度地表现理论模型对城市更新项目治理作用机理的拟合度。

图 2-8 初始结构方程模型图

　　极大似然方法因其渐次正态性、无偏性和相合性等特性在研究中得到学者的广泛应用。故而,本研究采用 AMOS24.0 软件中的极大似然法对模型进行参数估计。此外,在对模型进行拟合评估前,还需要基于对参数的估算来判定其是否满足所需条件,该过程被称作"违反估计"测试,该方法被广泛地应用于各种类型的测试中,它的含义是误差方差小于零或者标准化系数大于等于 1 就违反了模型的使用规则,则需要进一

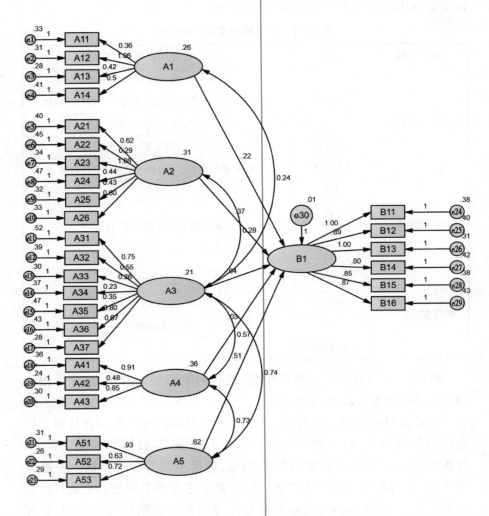

步调整。对初始模型变量评价还需要满足两个条件：一是不允许出现标准化误差为负数的情况；二是相关系数不得超过 0.95。

理论模型经过初步运行，根据软件输出的结果，得出的参数及拟合指标见表 2-14- 表 2-17。

表 2-14　潜变量之间相关系数及显著性检验

			Estimate	S.E.	C.R.	P
A2	<-->	A3	.167	.033	4.997	***
A3	<-->	A5	.241	.046	3.247	***
A4	<-->	A5	.396	.069	3.714	***
A1	<-->	A3	.032	.016	1.961	.050
A3	<-->	A4	.201	.039	3.194	***

表 2-15　潜变量与测量变量路径系数及显著性检验表

			Estimate	S.E.	C.R.	P
B1	<---	A1	.358	.040	2.663	.007
B1	<---	A2	.986	.061	2.418	.006
B1	<---	A3	.671	.056	3.268	.009
B1	<---	A4	.497	.003	2.261	.024
B1	<---	A5	.656	.012	2.281	.020
A14	<---	A1	1.000	–	–	–
A13	<---	A1	.590	.182	3.808	***
A12	<---	A1	.942	.185	3.748	***
A11	<---	A1	.937	.174	3.544	***
A26	<---	A2	1.000	–	–	–
A25	<---	A2	.853	.148	5.788	***
A24	<---	A2	.725	.152	4.724	***
A23	<---	A2	.781	.145	5.469	***
A22	<---	A2	.806	.136	3.932	***
A21	<---	A2	.950	.147	5.125	***
A37	<---	A3	1.000	–	–	–
A36	<---	A3	.781	.153	3.118	***
A35	<---	A3	.906	.165	3.505	***

激活城市活力——中国式现代化背景下城市更新与市地整理研究

			Estimate	S.E.	C.R.	P
A34	<---	A3	.930	.158	4.276	***
A33	<---	A3	.940	.145	4.471	***
A32	<---	A3	.973	.159	4.118	***
A31	<---	A3	.912	.177	3.731	***
A43	<---	A4	1.000	–	–	–
A42	<---	A4	.859	.128	9.046	***
A41	<---	A4	.759	.131	6.111	***
A53	<---	A5	1.000	–	–	–
A52	<---	A5	.814	.080	10.180	***
A51	<---	A5	.926	.090	10.329	***
B11	<---	B1	1.000	–	–	–
B12	<---	B1	.891	.162	3.510	***
B13	<---	B1	.915	.160	4.211	***
B14	<---	B1	.804	.157	3.116	***
B15	<---	B1	.849	.156	3.443	***
B16	<---	B1	.866	.163	3.309	***

表 2-16　误差变量参数估计值

	Estimate	S.E.	C.R.	P
A1	.259	.052	4.998	***
A2	.150	.043	3.520	***
A3	.190	.027	5.001	***
A4	.183	.052	3.481	***
A5	.166	.040	4.146	***
e2	.194	.026	5.333	***
e3	.099	.021	4.651	***
e4	.185	.027	4.908	***
e5	.086	.012	5.112	***
e6	.178	.023	5.597	***
e7	.195	.025	5.809	***

	Estimate	S.E.	C.R.	P
e8	.112	.016	5.143	***
e9	.023	.010	2.395	.017
e10	.303	.039	5.862	***
e11	.078	.012	4.550	***
e12	.177	.023	5.711	***
e13	.210	.028	5.569	***
e14	.037	.006	4.101	***
e15	.201	.026	5.603	***
e16	.144	.019	5.536	***
e17	.030	.005	3.672	***
e18	.081	.017	4.659	***
e19	.240	.031	5.654	***
e20	.370	.048	5.768	***
e21	.237	.031	5.746	***
e22	.077	.026	2.932	.003
e23	.172	.028	4.113	***
e26	.421	.054	5.780	***
e27	.143	.027	3.349	***
e28	.248	.035	5.145	***
e29	.136	.017	5.882	***
e30	.337	.043	5.912	***
e31	.332	.042	5.909	***
e1	.108	.023	4.606	***

表 2-17　初始模型的拟合度检验结果表

Model	RMR	PNFI	PGFI	CFI	CMIN/DF
Default Model	0.086	0.599	0.598	0.841	2.490
Saturated Model	0.000	0.999	–	1.000	–
Independence Model	0.143	0.000	0.193	0.000	6.042

表 2-14 反映了初始模型中各个外源潜变量的共变关系。

表 2-15 反映了潜变量与测量变量的关系，所有路径的 P 值均小于 0.05，说明潜变量与测量变量的关系可以通过显著性检验。

在表 2-16 中，模型的测量变量对应的标准化估计值均在 0.5—0.95 之间，满足结构方程模型要求，说明模型中的测量变量可以保留，且潜变量有很好的一致性。

表 2-17 显示，选取的拟合评价指标中 PNFI、PGFI、CMIN/DF 达到模型拟合的适配要求，RMR 和 CFI 没有达到要求。

综合来看，在初始模型拟合过程中，路径显著性水平均达到要求，但有两个模型适配度评价指标未能达到要求，说明初始模型的拟合程度还不够，需要后续对模型进行修正，以满足模型适配性要求。

2.4.4.2 初始模型修正

上一节的研究表明，目前模型的表达效果还达不到拟合要求，本节研究要对模型加以修正。常用的模型修正方法包括增删潜变量的路径关系、增删潜变量对应的观测指标或增删潜变量的共变关系等。对于不同的模型和实际问题，应采取不同的、适宜的修正方式。在本研究中，上文构建的模型经过运行输出后，模型路径系数全部达到要求，但模型拟合效果不够好，所以本部分修正采取根据观测变量 MI 值输出结果，释放部分受限路径的方式对模型进行修正。根据初始模型的 MI 值输出结果，e8 和 e14 的 MI 值为 11.003，相对较大，两者对应的观测变量分别为"公众、专家、学者参与度"和"居民利益诉求表达与反馈"，两者存在相关关系，增加两者残差之间的相关路径，可以很大程度上降低模型卡方值。

根据以上分析，增加 e8 和 e14 之间相关关系路径后，对模型进行运行和输出后得到以下修正后的模型图，如图 2-9 所示。

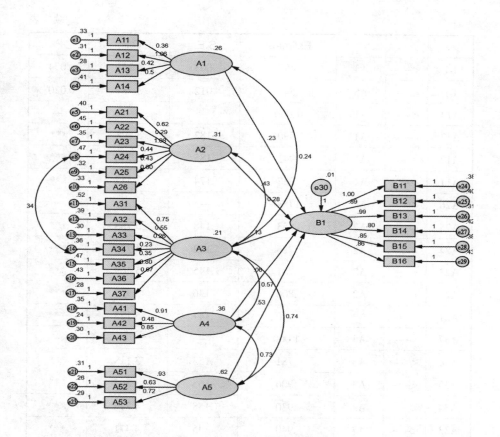

图 2-9　修正后结构方程模型图

表 2-18　修正后拟合度检验结果表

Model	RMR	PNFI	PGFI	CFI	CMIN/DF
Default Model	0.026	0.599	0.598	0.942	2.494
Saturated Model	0.000	0.999	–	1.000	–
Independence Model	0.143	0.000	0.193	0.000	6.042

表 2-19　修正后潜变量与测量变量路径系数及显著性检验表

			Estimate	S.E.	C.R.	P
B1	<---	A1	.423	.040	3.663	.007
B1	<---	A2	.786	.061	3.418	.006
B1	<---	A3	.672	.056	3.268	.009

			Estimate	S.E.	C.R.	P
B1	<---	A4	.497	.003	4.261	.024
B1	<---	A5	.542	.012	3.281	.020
A14	<---	A1	1.000	–	–	–
A13	<---	A1	.590	.182	3.808	***
A12	<---	A1	.942	.185	3.748	***
A11	<---	A1	.937	.174	3.544	***
A26	<---	A2	1.000	–	–	–
A25	<---	A2	.853	.148	5.788	***
A24	<---	A2	.725	.152	4.724	***
A23	<---	A2	.781	.145	5.469	***
A22	<---	A2	.806	.136	3.932	***
A21	<---	A2	.950	.147	5.125	***
A37	<---	A3	1.000	–	–	–
A36	<---	A3	.781	.153	3.118	***
A35	<---	A3	.906	.165	3.505	***
A34	<---	A3	.930	.158	4.276	***
A33	<---	A3	.940	.145	4.471	***
A32	<---	A3	.973	.159	4.118	***
A31	<---	A3	.912	.177	3.731	***
A43	<---	A4	1.000	–	–	–
A42	<---	A4	.859	.128	9.046	***
A41	<---	A4	.759	.131	6.111	***
A53	<---	A5	1.000	–	–	–
A52	<---	A5	.814	.080	10.180	***
A51	<---	A5	.926	.090	10.329	***
B11	<---	B1	1.000	–	–	–
B12	<---	B1	.891	.162	3.510	***
B13	<---	B1	.915	.160	4.211	***
B14	<---	B1	.804	.157	3.116	***

			Estimate	S.E.	C.R.	P
B15	<---	B1	.849	.156	3.443	***
B16	<---	B1	.866	.163	3.309	***

2.4.4.3 模型结果

根据以上分析,对潜变量之间路径关系进行标准化转换,得到五类影响因素对城市更新项目治理成效影响的标准化效应系数,如表2-20。

表 2-20　影响因素对项目治理影响路径系数表

外生潜变量	关系	内生潜变量	路径系数	标准化路径系数
经济因素	→	项目治理成效	.423	.463
政策因素	→	项目治理成效	.726	.686
实施因素	→	项目治理成效	.642	.652
社会因素	→	项目治理成效	.445	.497
管理因素	→	项目治理成效	.522	.542

从表 2-20 可以看出,经济因素、政策因素、实施因素、社会因素和管理因素都对城市更新项目治理产生影响,但影响的大小不同,影响的路径系数分别为 0.463、0.686、0.652、0.497 和 0.542。根据影响路径系数大小可以对影响因素的影响程度大小进行排序,影响程度从大到小分别是政策因素、实施因素、管理因素、社会因素和经济因素。

综合以上分析,在本研究提出的 5 条研究假设均被验证成立。即:

H1:经济因素对城市更新项目治理成效有正向作用。

H2:政策因素对城市更新项目治理成效有正向作用。

H3:实施因素对城市更新项目治理成效有正向作用。

H4:社会因素对城市更新项目治理成效有正向作用。

H5:管理因素对城市更新项目治理成效有正向作用。

2.4.5 模型结果及分析

2.4.5.1 测量变量结果分析

参考相关学者在结构方程模型影响因素等级划分方面的研究,本部分测量变量采取加权法进行分析,将测量变量(23 个影响因素)的路径系数与其外生潜变量标准化路径系数相乘,计算各个影响因素的影响值。根据此方法,可以计算 23 个影响因素对城市更新项目治理成效的影响值,汇总后见表 2-21。

表 2-21　测量变量影响值计算表

			标准化估计值	标准化路径系数	影响值
A14	<---	A1	.618		.286
A13	<---	A1	.709	.463	.328
A12	<---	A1	.694		.321
A11	<---	A1	.649		.300
A26	<---	A2	.695		.477
A25	<---	A2	.750		.515
A24	<---	A2	.644		.442
A23	<---	A2	.715	.686	.490
A22	<---	A2	.559		.383
A21	<---	A2	.678		.465
A37	<---	A3	.655		.427
A36	<---	A3	.480		.313
A35	<---	A3	.518		.338
A34	<---	A3	.605	.652	.394
A33	<---	A3	.622		.405
A32	<---	A3	.584		.381
A31	<---	A3	.543		.354

续　表

			标准化估计值	标准化路径系数	影响值
A43	<---	A4	.741		.368
A42	<---	A4	.819	.497	.607
A41	<---	A4	.731		.542
A53	<---	A5	.824		.447
A52	<---	A5	.785	.542	.425
A51	<---	A5	.793		.430

　　由上表计算出的测量变量的影响值可以看出各个测量变量对城市更新项目治理影响程度的大小。根据影响值的大小,可以将测量变量分为三个等级,影响值大于 4.0,其对项目治理影响较大,定义为一级影响因素;影响值大于 3.0 且小于等于 4.0,其影响程度中等,定义为二级影响因素;影响值小于等于 3.0,其对项目治理成效影响较小,定义为三级影响因素。如表 2-22 所示。

表 2-22　测量变量级别分类

影响因素等级	代码	影响因素	影响值
一级影响因素	A42	城市配套设施建设	0.607
	A41	生态环境保护	0.542
	A25	城市更新制度体系建设、政策引导	0.515
	A23	产业培育和升级方案	0.49
	A26	拆迁补偿方案合理	0.477
	A21	项目目标、设计方案的合理性与规范性	0.465
	A53	更新成效考评	0.447
	A24	协商机制	0.442
	A51	更新流程规范合理	0.43
	A37	拆迁补偿方案有效落实	0.427
	A52	政府管理、监督能力	0.425
	A33	项目治理机构完整,分工明确	0.405

影响因素等级	代码	影响因素	影响值
二级影响因素	A34	居民利益诉求表达与反馈	0.394
	A22	市场介入机制	0.383
	A32	个人利益与公共利益平衡	0.381
	A43	历史风貌建筑保护	0.368
	A31	公众、专家、学者参与度	0.354
	A35	智能化、精益化治理工具与手段的应用	0.338
	A13	社会资本引入	0.328
	A12	区域更新后商业收益分配	0.321
	A36	更新地块区位优势	0.313
三级影响因素	A11	地方财政支持	0.3
	A14	基金参与	0.286

根据上表可以看出,"城市配套设施建设""生态环境保护""城市更新制度体系建设、政策引导""产业培育和升级方案""拆迁补偿方案合理""项目目标、设计方案的合理性、规范性""更新成效考评""协商机制""更新流程规范合理""拆迁补偿方案有效落实""政府管理、监督能力"以及"项目治理机构完整,分工明确"对城市更新项目治理成效影响较大,在城市更新项目治理过程中需要政府部门重点把握。

2.4.5.2 潜变量结果分析

5个外生潜变量对城市更新项目治理影响程度的大小从高到低分别为政策因素、实施因素、管理因素、社会因素和经济因素。

2.4.5.3 模型变量权重分析

本研究模型的变量权重,将通过各变量间路径系数进行分析与计算。具体计算方法以内生潜变量"城市更新项目治理成效"与5个外生潜变量为例,将内生潜变量下的5个外生潜变量标准化路径系数相加得到路径系数总和,之后用各外生潜变量的标准化系数除以路径系数总和,得到其对应的权重。以外生潜变量的权重分析为例进行说明:模型中各外生潜变量的路径系数分别为 0.463、0.686、0.652、0.497 和 0.542,总和为 2.820,各外生潜变量的路径系数除以 2.820 即得到各外源潜变量的权重,分别为 0.164、0.243、0.231、0.176、0.192。测量变量的权重计算同上,所以,模型各变量权重分析结果见表 2-23 所示。

表 2-23　模型各变量权重分析表

内生潜变量	外生潜变量	权重	测量变量代码	权重
城市更新项目治理成效	经济因素	0.164	A11	.040
			A12	.043
			A13	.044
			A14	.038
	政策因素	0.243	A21	.041
			A22	.034
			A23	.043
			A24	.039
			A25	.045
			A26	.042
	实施因素	0.231	A31	.031
			A32	.034
			A33	.036
			A34	.035
			A35	.030
			A36	.028
			A37	.038
	社会因素	0.176	A41	.063
			A42	.070
			A43	.043
	管理因素	0.192	A51	.063
			A52	.063
			A53	.066

2.5 南京市某城市更新项目项目治理影响因素分析

2.5.1 南京市某城市更新项目简介

2.5.1.1 项目基本信息

该项目场地占地面积约 3.75 万平方米,需更新改造总建筑面积约 3.82 万平方米。场地内包括成套住宅 12 栋,其中居民 478 户,工企单位 17 家,户籍 427 户,自然家庭 527 户,人口约 1036 人。更新改造项目由国有企业实施,政府在更新改造项目中承担监管角色(图 2-10)。

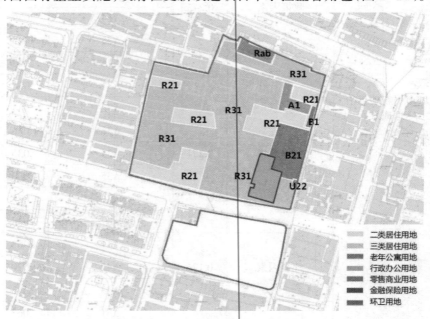

图 2-10　某项目占地性质图

　　该更新项目区域内以二类和三类居住用地为主,沿小心桥东街有部分零售商业、金融保险及行政办公用地。建筑生长凌乱,传统肌理无迹可寻。场地内部有一处区级文保建筑。非成套房共约 2.8 万平方米,包含"已登记"和"未登记"两部分,其中,已登记部分为 1.8 万平方米,未登记部分约 1 万平方米。已登记部分中公房约 0.85 万平方米,私房约 0.95 万平方米(图 2-11)。

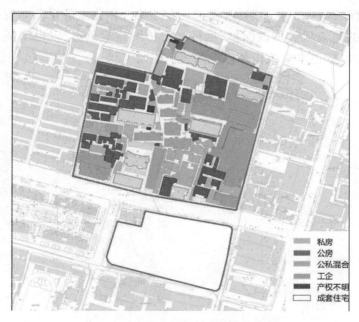

　　　　　　　　　　　　　　　　　　私房
　　　　　　　　　　　　　　　　　　公房
　　　　　　　　　　　　　　　　　　公私混合
　　　　　　　　　　　　　　　　　　工企
　　　　　　　　　　　　　　　　　　产权不明
　　　　　　　　　　　　　　　　　　成套住宅

图 2-11　某项目产权情况图

　　北侧地块内部人口密度大,街道人流量大,但多数道路被建筑打断,没有形成街巷网络系统。城市更新过程中需要保护已有的历史街巷格局,对现状街巷空间进行梳理,且街巷内多处有古树,在项目进程中要注重对古树的保护,尽量保存原街区的文化和生态环境。街巷内基础设施条件不足,主要商业存在于主干路两侧,且多为日常杂货,只能满足附近居民基本的生活需求,不能满足居民更高层次的生活需求。

2.5.1.2 项目更新改造内容

　　对该地块的更新改造原则为"留改拆",对成套的住宅、文保建筑、正在进行消险改造的房屋进行保留,对风貌较好的低层建筑进行改建,对违法搭建以及风貌较差的建筑进行拆除,尽量降低更新项目中的拆除重建的比例。

通过南北两地块联动更新的方式,实现对居民的原地安置,在很大程度上保证了对居民生活环境的最小扰动。更新地块内的新建住宅尽量以小户型为主,尽量保证原地小户型就地安置。新建商业主要以住宅底商为主,主要解决地块内居民的日常生活需求。对地块内的历史街巷要尽量保护历史街巷的肌理,保护更新地块外围完整的道路布置。对历史街巷的建筑风貌加以保护,尽量维持传统建筑色彩,以白墙灰瓦为主要基调,以棕色木质结构加以点缀(图 2-12)。

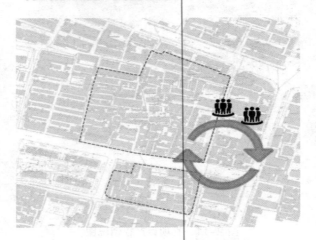

图 2-12　居民原地安置示意图

2.5.2 项目治理成效分析

根据测量变量及其权重设计本部分研究的调查问卷,如附录 B,用以对城市更新项目治理成效进行分析。问卷的题项依然采用李克特量表法进行提问,其中,1 分代表影响"非常小",2 分代表影响"比较小",3 分代表影响程度"一般",4 分代表影响"比较大",5 分代表影响"非常大"。

本部分对该项目的参与人员进行问卷调查,评分的计算规则采用加权的方法,具体做法是通过调查问卷获取各项观测变量得分的平均分,以此为基础展开计算,通过加权法计算出各潜变量的得分。为保证问卷调查数据收集的有效性,本次问卷发放采取电话访问的方式,研究者分别对政府部门负责该项目审批及监管的人员 2 位,项目开发企业项目高级管理人员 1 人、中层管理 3 人以及 9 位项目基层参与人员共 15 人进行电话访问,并发放问卷对政府主导型城市更新项目治理的影响因素进行评价打分,具体评价结果如表 2-24 所示。

表 2-24　政府主导型城市更新项目治理的影响因素评价表

潜变量	评分	观测变量	观测变量等级	评分
经济因素	3.980	地方财政支持	三级影响因素	3.317
		区域更新后商业收益分配	二级影响因素	3.635
		社会资本引入	二级影响因素	3.732
		基金参与	三级影响因素	3.092
政策因素	4.440	项目目标、设计方案的合理性与规范性	一级影响因素	4.478
		市场介入机制	二级影响因素	3.887
		产业培育和升级方案	一级影响因素	4.488
		协商机制	一级影响因素	4.463
		城市更新制度体系建设、政策引导	一级影响因素	4.620
		拆迁补偿方案合理	一级影响因素	4.482
实施因素	4.204	公众、专家、学者参与度	二级影响因素	3.463
		个人利益与公共利益平衡	二级影响因素	3.692
		项目治理机构完整,分工明确	一级影响因素	4.008
		居民利益诉求表达与反馈	二级影响因素	4.094
		智能化、精益化治理工具与手段的应用	二级影响因素	3.884
		更新地块区位优势	二级影响因素	3.326
		拆迁补偿方案有效落实	一级影响因素	4.520
社会因素	3.786	生态环境保护	一级影响因素	4.378
		城市配套设施建设	一级影响因素	4.527
		历史风貌建筑保护	二级影响因素	3.465
管理因素	4.180	更新流程规范合理	一级影响因素	4.051
		政府管理、监督能力	一级影响因素	4.146
		更新成效考评	一级影响因素	4.240

由以上分析计算可知,五个外生潜变量的得分从高到低依次是政策因素 4.440 分,实施因素 4.204 分,管理因素 4.180 分,经济因素 3.980 分,社会因素 3.786 分,影响程度大小次序显而易见,说明该研究具有重要的实践意义,对城市更新项目治理影响因素重要程度的评估较为准确,对项目实践有较大的借鉴意义。

2.6 南京市某政府主导型城市更新项目治理成效提升建议

根据上文对城市更新项目的分析,可以得出政策因素、实施因素及管理因素对政府主导型城市更新项目治理成效有显著的影响,其中,"城市更新制度体系建设、政策引导""拆迁补偿方案有效落实""项目目标、设计方案的合理性与规范性""产业培育及升级方案""拆迁补偿方案合理"等几项尤其重要。经济因素和社会因素的影响程度一般。根据以上分析对提升该项目治理成效提出以下建议。

2.6.1 针对政策影响因素

2.6.1.1 完善城市更新相关制度体系建设

随着城市更新理念的不断迭代和技术水平的进步,城市更新的模式和要求也在不断变化。为了能更好地约束城市更新项目利益相关者的活动和行为,实现区域内的综合发展,城市更新相关制度体系的建设也要紧跟时代,与时俱进,为城市更新利益相关者提供更好的服务,提升项目参与方的满意度。同时,城市更新制度体系也是项目主导方进行项目治理的依据,只有在完善的、合理的制度体系的支撑下,城市更新项目治理才能保持更高的秩序性,相对弱势的项目利益相关者才有充分的依据来维护自己的合法权益,保证项目进行的公平性和协调性。

2.6.1.2 做好政策引导及流程公开化

城市更新项目涉及的利益相关者较多,利益关系复杂,在城市更新项目全过程的各个环节中,如果不能做到政策的及时发布和流程公开透明化,很可能会引发相关主体的矛盾和冲突,对城市更新项目的开展造成重大影响。所以,在开发公司的选择、设计单位、采购单位、施工单位的竞标以及拆迁补偿方案的协调及制定过程中,主管部门要做好政务公开以及宣传引导工作,让各个相关主体及时了解项目进程及相关信息,畅通意见交流反馈渠道,并接受社会公众的监督,让各个主体都能感受到城市更新项目的公开化,对项目治理团队可以完全信任,这将对后期项目实施阶段对利益相关主体的组织协调起到关键作用。

2.6.2 针对实施影响因素

2.6.2.1 搭建交流信息平台

信息交流是影响城市更新中利益相关者协调关系和达到利益相关者满意水平的重要因素,也是基础性的因素。在城市更新项目进行中要保证各利益主体的参与积极性,就要有一套高效的交流平台作保障。在项目决策以及项目设计方案的制定过程中,需要吸收居民及社会公众的意见,并及时公布项目信息及进度,在双向互动中稳定推进项目运行。此外,在拆迁补偿谈判过程中,如果不能和居民进行充分的交流,拆迁补偿方案就很难得到高质量落实,获取居民的反馈意见并及时进行解释说明,是拆迁补偿工作进行的重要前提。而且,畅通信息交流渠道,也有利于减少城市更新项目全过程的冲突和矛盾,提升城市更新项目治理效果。

2.6.2.2 引入先进智能精益管理工具

当今时代是数字化、智能化的时代,物联网、大数据、人工智能等高新技术手段已经走进了我们的生产生活,可以大大提高生产效率。对应于城市更新项目治理领域,治理工具和手段也在不断迭代。为了达到更好的项目治理效果,我们在治理工作中引入新技术手段和治理理念,将原来粗放式的治理模式转变为精益化治理,将大数据、人工智能等高新技术手段引入城市更新项目治理的实际工作中,可以大大提高项目治理效率,提高项目的质量,缩短项目进度周期,同时保证资金流的稳定。

2.6.3 针对管理影响因素

2.6.3.1 成立项目治理协调委员会

城市更新项目周期长、资金消耗大、范围广,涉及的利益相关者众多,利益关系错综复杂。在城市更新项目全过程中容易滋生腐败现象,所以设立一个专门负责协调和监督城市更新项目利益相关者行为和项目流程的项目治理协调委员会十分必要。项目治理协调委员会可以由项目利益相关方代表及专业的法律和监管部门工作人员共同组成,其主要工作就是监督和规范利益相关方的行为,协调利益相关方的关系,从而推动城市更新项目公平有序地运行。需要注意的是,城市更新项目治理协调委员会需要保持中立性和公平,其判断要有充分的法律依据作支撑,保证项目运行全过程合法合规且收益公平有保障。

2.6.3.2 构建项目治理后评估机制

针对城市更新项目结果,应该建立对各个环节的后评估机制,设置统一的、合理的规范和标准,对项目治理成果从各个角度进行评估,形成后评估报告。报告中对项目全过程出现的问题进行梳理和总结,对其中的重点问题开会进行讨论,深刻分析问题出现的根源,对责任人明确追究其责任。结合项目实际及以往经验,对显著性问题提出对应的解决措施或建议,为后面的城市更新项目治理提供参考建议。另外,城市更新项目实现后评估机制还可以起到对开发公司和社区的激励效果。通过后评估机制的建立和施行,可以有效总结城市更新项目治理过程中的问题和成功经验,对于其中的问题可以对责任相关方进行追责,起到负激励的作用;对其中的先进经验做法可以予以奖励,起到正激励的作用。这样可以形成一个城市更新项目治理的良性循环,有利于城市更新项目治理不断迭代更新,取得更好的项目治理效果。

2.6.4 针对经济影响因素

2.6.4.1 采取多元化项目融资方式

城市更新项目规模较大,项目资金消耗较多。筹集项目资金成为城市更新领域的一个重点问题。借鉴德国城市更新项目实施经验,地方政府对城市更新项目的投资在城市更新项目融资过程中发挥重要作用,政府财政支持是城市更新项目实施的一大保证。但是,结合国内现实情况,地方财政对城市更新项目支持的力度有限,城市更新项目需要采取多元化的项目资金筹集渠道,比如引入社会资本,通过一定的激励政策吸引社会资本涌入,同时,还可以开拓一些其他的融资渠道,比如房地产信托基金等。只有保证项目资金足够,才能为城市更新项目运行提供稳定动力,保证城市更新项目的顺利进行。

2.6.4.2 平衡项目收益

城市更新项目涉及的资金流动规模巨大,项目收益的分配是项目利益相关者重点关注的问题之一,项目收益的公平性会直接影响利益相关者的满意度,进而对城市更新项目治理结果造成影响。而且,原住居民在城市更新项目中处于较弱势地位,开发公司和政府处于较强势地位,项目收益分配容易造成居民权益受挤压的情况,从而引起居民和开发公司或政府的冲突,对城市更新项目的运行造成阻碍。所以,上级政府部门在进行城市更新项目治理过程中,应注意平衡项目收益,保护居民合法权益,推进城市更新项目公平、高效的进行。

2.6.5 针对社会影响因素

2.6.5.1 改善区域生活环境

城市更新的关键目标之一在于改善旧区的生活环境,提高附近居民的生活质量,升级旧区的产业结构,这也是区域居民对城市更新项目的主要期待。所以,城市更新项目对旧区的环境改善能起到多大的作用将直接影响城市更新项目的完成质量。关于改善区域生活环境,一方面在于完善区域内城市配套基础设施,提升居民的幸福感和获得感,为城市生活提供更大的便捷;另一方面,在于改善城市人居环境。随着居民生活水平的提高和城市发展的加速,居民对居住生态环境的要求越来越高,为了使城市更新项目达到居民的要求,在项目设计方案中对绿化设施和公共面积的设计应予以足够的重视。

2.6.5.2 历史风貌建筑保护

历史风貌建筑是城市更新进程中涉及非常多的建筑类型,也是城市更新项目需要重点保护的建筑。历史风貌建筑不仅具有建筑物价值,还有很大的人文价值,是中国文化的重要组成部分,所以在城市更新过程中,不能为了更新改造而对历史风貌建筑造成破坏,应最大限度地保留当地的特色建筑风格。而如何在保护当地特色历史文化建筑的前提下实施城市更新,改善本地区的人居环境,提升产业发展水平,则对城市更新项目设计提出了更高的要求。

2.7 本章小结

本章以城市更新项目治理为研究对象,以利益相关者理论、治理理论为理论依据,最终研究出城市更新项目治理的关键影响因素及路径。首先,分析了城市更新项目治理全过程中涉及的利益相关者与其彼此间相关关系；基于项目治理理论,分析了城市更新项目治理的关键影响因素,从项目治理影响因素和项目结果进行识别,形成了城市更新项目治理影响因素内容清单;对城市更新项目治理影响机制的因果关系进行了识别,以构建城市更新项目治理影响路径,并通过结构方程模型对城市更新项目治理影响路径进行了实证研究,以此揭示城市更新项目治理内在逻辑关系;基于城市更新项目治理影响因素的研究结果,推出我国城市更新项目治理的关键性影响因素,并针对关键影响路径和关键影响因素提出针对性治理建议。研究过程中,综合运用了文献研究、问卷调查、结构方程模型等方法与实证研究的方法,得到以下主要结论：

第一,城市更新项目治理是一个复杂的工作,涉及包括人、时间等多方面的协调和治理,而且由于其自身规模庞大,项目治理难度也非常大。城市更新项目治理结构多样,涉及的组织和部门较多,群体间利益关系复杂。项目治理环节较多,协调难度大。本书通过文献研究法、案例研究法,再结合专家访谈的方法识别出影响项目治理成效的因素的观测维度,分别为经济因素、政策因素、实施因素、社会因素和管理因素。

第二,本研究通过结构方程模型分析对城市更新项目治理成效存在影响的因素,并定量分析各影响因素对项目治理成效的影响程度的大小。同时,通过实证分析对模型的有效性及实践意义进行检验。五类影响因素按照影响程度大小从高到低分别为政策因素、实施因素、管理因素、社会因素和经济因素。

第三,针对城市更新项目治理的关键影响路径和关键影响因素,可以从政策因素、经济因素、社会因素、管理因素、实施因素五个方面分别制定相应的治理策略。在政策方面,要完善城市更新相关制度体系建设,并做好政策引导和流程公开化;在经济方面,可以采取多元化项目融资方式,并注意平衡好项目收益;在实施方面,可以通过搭建信息交流平台来畅通城市更新项目利益相关方的意见表达渠道,引入先进智能精益管理工具提高治理效能;在社会方面,城市更新项目要注重改善区域生活环境,提高居民生活质量,同时注意保护当地历史风貌建筑,维护当地人文形态;在管理方面,可以成立项目治理协调委员会,协调城市更新项目治理全过程中的矛盾,推进项目进度。同时,可以建立项目治理后评估机制,以吸收先进城市更新项目经验,并激励开发公司和社区完成好城市更新项目治理相关工作。

第 3 章 城市更新中老旧小区改造居民获得感评价研究

3.1 基于扎根理论的居民获得感评价指标体系建立

3.1.1 老旧小区改造基础研究

3.1.1.1 老旧小区改造产生与发展

老旧小区普遍存在建筑老化且功能不全、基础设施陈旧或不足、公共服务设施不完善、生态环境差、缺乏配套管理措施等一系列问题,为了改变这一情况,我国在 2015 年正式发布相关文件,指出要做好全国老旧小区的改造工作,此后国家陆续发布各项关于老旧小区改造的政策文件,本章根据文献研究法,总结了近几年国家层面的老旧小区改造相关政策内容,具体如表 3-1 所示。

表 3-1 近五年国家有关老旧小区改造的会议与文件

时间	文件/会议名称	相关内容
2017 年	住建部召开老旧小区改造试点工作座谈会议	会议指出将在广州等 15 个城市作为改造试点,并探索了一种新型的老旧小区改造模式,为今后的全国改造工作积累了丰富的经验,提供依据
2019 年	国务院政府工作报告	提出老旧小区的体量大,大力改造提升,在改造配套设施、公共服务设施的同时,也要关注居民参与治理

时间	文件 / 会议名称	相关内容
2019 年	住建部印发《关于做好 2019 年老旧小区改造工作的通知》	通知提出以居民为主体、以社区为主导、政府带领等多方共同支持的方式推进老旧小区改造
2020 年	国务院办公厅颁布《关于全面推进城镇老旧小区改造工作的指导意见》	旨在改善居民居住条件，推动构建共治共享的社区治理体系，以人民生活美好为目标，坚持以人为本
2021 年	国务院政府工作报告	计划在 2021 年预期改造 3.3 万个老旧小区
2021 年	《中华人民共和国国民经济和社会发展第十四个五年规划和 2035 年远景目标纲要》	新型城镇化建设工程中的城市更新需要完成 2000 年底前建成的 21.9 万个城镇老旧小区的改造

从以上的相关会议文件可知国家近几年对老旧小区改造工作的支持与探索，同时老旧小区改造从重点关注配套设施改造和公共服务设施改造，逐渐强调对居民主体参与改造与治理、多方统筹推进，同时以人民群众生活更舒适、更美好为政策实施效果评价。

3.1.1.2 老旧小区改造实施现状

本章通过文献研究法，将各个省市老旧小区改造实施情况进行汇总，选取具有代表性的省市老旧小区，具体改造现状如表 3-2 所示。

表 3-2　部分省市老旧小区改造情况

序号	省市	改造现状情况
1	江苏省	截至 2020 年底，全省改造老旧小区 9757 个，惠及居民 336 万户，并提出目标，到"十四五"期末，将 2000 年底建成的老旧小区改造完成，建立人居环境得到明显改善的居住区
2	浙江省	到 2020 年，浙江省将对 622 个老城区进行改造，使 29 万户住户受益，新建 1751 部住宅安装电梯，明确提出到 2021 年改造老旧小区不少于 800 个，新增加装电梯 800 台以上
3	河南省	改造符合标准的老旧小区约 1.7 万个，涉及居民 190 万户，到 2019 年底，河南省共有 3383 个老城区改造工程得到了 54.92 亿元的政府补助

序号	省市	改造现状情况
4	安徽省	截至 2019 年,安徽省共实施了 1591 个老旧小区改造工程,总投资 74 亿元,60.6 万户受益。2021 年将对 1247 个老旧小区进行改建
5	广州市	截至 2020 年,广州市共有 626 个老旧小区纳入改造计划,惠及 50 余万户,170 多万人口
6	西安市	截至 2020 年,新建的社区 2986 个,其中 844 个已经完成,覆盖 40.94 万户
7	哈尔滨市	截至 2020 年底,哈尔滨市已完成 1500 万平方米老旧小区的改造,涉及到约 23 万户老旧小区居民;截至 2021 年底,哈尔滨市已改改造棚户区、老旧小区 249.6 万平方米

3.1.1.3 老旧小区改造实施模式

老旧小区因其地理位置、周边环境、文化历史等情况不同,所采用的改造模式也不同。当前,老旧小区的改造模式主要有以下几种。

（1）维护保留

一些老旧小区中有一些具有历史文化意义的房屋,对于那些具有一定历史价值、能够适应现代化生活需要的居民区,应尽量保持其原有的居住功能,保持其原有的结构,并对其进行维修。

（2）修缮改造

一些老旧小区的房屋构造基本符合现在要求,基础设施、公共服务设施基本完备,还需要进一步针对性改造。这类小区可以在目前现存的基础上进行改造。改造项目包括针对建筑进行的楼房外立面改造和楼顶屋面整治等项目。

（3）功能重塑

不少老旧小区基础设施缺陷、建筑主体结构不符合现在居民的需求,这类小区则需要针对建筑本体功能及基础设施、配套设施进行大改造,如将建筑本体的内部空间改造和修建、加装电梯等,以适应现代生活需要。

（4）拆除重建

一些老旧小区各方面条件不达标,环境卫生极差、道路交通拥挤、建筑物本体质量出现问题、基础设施和公共服务设施存在重大缺陷。对于这一类型的老旧小区,应拆除重建,以达到现有的标准。

3.1.1.4 老旧小区改造存在的问题

尽管老旧小区改造取得了重要进展,各省市老旧小区改造为人民群众带来了更加宜居的生活环境,但在老旧小区改造实施过程中,依然存在着一些问题,阻碍老旧小区改造成果进一步惠及更多群众。本章通过文献研究法和实地调查法将近几年在老旧小区改造过程中存在的问题进行归纳总结。

（1）居民影响老旧小区改造进度

与老旧小区改造最密切的主体是居民,涉及居民自身的利益,因此居民的行为在老旧小区改造过程中起到了关键作用。目前,在老旧小区改造中,居民意见的不同严重影响了改造进度,并且常有发生,例如在加装电梯的改造项目中,就难以形成统一意见。除此以外,老旧小区改造中居民参与度不够,缺乏自我管理的意识,无法真正表达自我的想法。同时,老旧小区改造评价,对居民获得感、满意度等的研究不够深入,无法真正起到推进老旧小区改造的作用。

（2）资金难以筹措

老旧小区改造过程中,资金筹措是一个阻碍老旧小区改造进程的重大因素,目前老旧小区数量大,基础设施破旧,需要的改造资金庞大,然而资金来源单一,社会资本力量参与不足,资金缺乏的问题困扰着老旧小区改造进程的推进。

（3）社会力量参与困难

在收集老旧小区意见的过程中,需要有经验的社会组织参与。老旧小区缺乏承担政府溢出职能的社会力量的组织,居民的意见难以被采用。社会资本是老旧小区改造资金重要的来源,然而社会资本逐利性与老旧小区改造项目获利少相背,使得改造无法吸引社会资本的参与。

综上所述,老旧小区改造过程中存在各方面的问题,其中居民也是影响老旧小区改造进程的重要因素,因此开展老旧小区改造居民获得感评价研究,可以更好评价政策实施效果,据此得出老旧小区改造项目优先级及改造供需匹配度,使其更好地惠及人民群众。

3.1.2 老旧小区改造居民获得感指标初步选取

3.1.2.1 老旧小区改造居民获得感评价指标选取

1）获得感评价指标选取原则

（1）全面性原则

获得感评价指标的选取要遵循全面性原则，全面牵涉老旧小区改造各方面。通过文献研究法和扎根理论方法，搜集建立各方面指标，避免出现单一片面的情况。

（2）可行性原则

获得感评价指标要贴合居民实际，避免生涩难懂，要求更加简洁明了，选取的指标具有实用性和可操作性，方便指标的测量和调研，使得居民获得感的最终评价结果具有真实性。

（3）动态性原则

评价指标的选取应该是动态变化的，随着研究的深入，评价指标也应做出相应的改变，适时地进行筛选、删减和修正。

（4）以居民为中心性原则

评价指标应该以居民为中心，充分了解老旧小区改造居民的获得感情况，最大程度反映居民对老旧小区改造的主观感受和居民对后续改造的相关需求。

2）获得感评价指标建立方法和程序

扎根理论是由 Glaser 与 Strauss 共同创立并提出的一种"质化"的研究方式，它是通过对调查数据的经验总结，提炼出反映社会现象的概念，从而使范畴和范畴间的联系得以发展，并最终升华为理论。目前，学术研究领域使用最多的就是程序化扎根理论，在这个理论过程中，需要经过开放性编码、主轴编码、选择性编码等步骤，最终得到所需要的结果。扎根理论最核心的方法论原则是不让研究人员先入为主地设定最终结果，而是从时间观察和调研中得来，即从社会进程和对它的研究中自然而然地产生研究问题和结果。由于扎根理论是一门综合性的、相对规范的学科，它已经被广泛地应用于各个领域，特别是因子识别等问题，本章的研究中即利用扎根理论获得居民获得感的指标体系。

居民获得感影响因素具有隐蔽性、难以量化的特点，通过深入实地

收集原始资料、编码梳理,有助于更好地了解居民获得感的影响因素,
建立居民获得感的评价指标(图 3-1)。

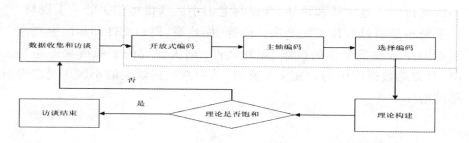

图 3-1　扎根理论概念框架流程图

3.1.2.2 原始资料收集

本章拟采用扎根理论的方法对南京市各区域内典型老旧小区改造
试点的居民获得感影响因素及指标进行识别与梳理,探究居民获得感评
价指标体系的建立与筛选,最终形成老旧小区居民获得感指标体系,为
后文指标体系评价过程奠定基础。在选择访谈区域时,随机选取南京市
六大主城区中改造后的老旧小区进行实地访谈,在选择访谈对象时,随
机选取各年龄层级,工作岗位分布不同的人员。

在实际访谈的过程中,综合考虑疫情大环境、访谈可操作性等,本研
究以线下访谈为主、网络访谈为辅。本研究实地访谈分为多轮访谈,在
首轮访谈中,搜集并分析被访者的回答,然后再进行新问题的访问,如
此,直到没有新的问题出现时,这一次的采访就完成了,即已达到理论
饱和。本次访谈为保证访谈对象处于舒适的答题状态,尊重受访者的意
愿和选择,对单次访谈时间不受限制(表 3-3)。

表 3-3　编码来源与数据分类

数据来源		数据分类	编号
一手资料	实地访谈	小区居民	A
		物业、居委会工作者	B
二手资料	文献研究	政策、规划文件	C
		前人研究文献成果	D

本章拟通过实地访谈与文献研究法获得一手及二手资料。通过对南京市秦淮区、鼓楼区、栖霞区、建邺区、玄武区、雨花台区的典型老旧小区进行了实地调研和访谈,获得与老旧小区获得感相关的一手资料。二手资料是通过对相关文献进行研究,如政策、规划文件即指国家和南京老旧小区改造工作的政策、规划文件;前人研究的文献成果即指知网、万方等数据库中的论文文献资料,从中总结提炼老旧小区居民获得感的指标。

3.1.2.3 访谈提纲

1. 对居委会人员的访谈提纲

（1）政府对老旧小区改造政策的宣传是否到位？对老旧小区改造工作了解多少？

（2）居委会人员对老旧小区改造的参与程度多少？是否配合相应改造工作的实施？

（3）本小区的改造工作具体涉及哪些方面？重点改造的工作项目是哪些？

（4）本小区改造项目涉及公共服务的方面主要有哪些？居民配合程度如何？

（5）本小区改造项目涉及生态环境的方面主要有哪些？居民配合程度如何？

（6）本小区改造项目涉及安全管理的方面主要有哪些？居民配合程度如何？

（7）本小区改造项目涉及社会保障的方面主要有哪些？居民配合程度如何？

（8）本小区改造项目涉及政治与经济的方面主要有哪些？居民配合程度如何？

（9）居民对本小区的改造项目了解吗？是否了解居民对老旧小区改造的真实看法？

（10）居民对老旧小区改造的支持度如何？是否积极参与改造工作？

（11）居民对本小区已改造的项目是否满意？满意的方面有哪些？

不满意的方面有哪些？

（12）老旧小区改造的资金来源有哪些？居民是否出资进行改造？出资是如何进行分配的？

（13）您认为老旧小区改造工作还存在什么问题？对此有什么解决方式？

（14）您认为老旧小区应重点改造哪些方面？对此方面的改造有何建议？

　2. 对居民的访谈提纲

（1）您对老旧小区改造工作了解吗？具体了解是哪些方面？

（2）政府和小区居委会对改造工作的宣传是否到位？主要的宣传方式是什么？

（3）您支持本小区进行老旧小区改造吗？如不支持，原因是什么？

（4）在改造之前是否召开过协商会议？如何协商的？您对开会的结果满意吗？

（5）您参与过本小区的老旧小区改造工作吗？如参与，具体是哪些方面？

（6）您认为老旧小区改造目前改造工作哪些方面比较好？

（7）您认为目前改造工作存在哪些问题？有什么改进的方法？

（8）您最期待改造本小区的哪些方面？有何改造方面的建议？

（9）您认为小区改造以后，提升了哪些方面的获得感？

（10）您了解老旧小区改造出资的具体情况吗？您愿意为改造工作出资吗？

（11）在整个改造过程中，您的权益是否得到保障？是否有相应的监督管理？

（12）本小区改造以后，是否有相应的后期维护工作？对此是否满意？

3.1.3 基于扎根理论的获得感指标体系建立

3.1.3.1 开放式编码

开放编码是通过收集原始资料，将访谈资料或者文献中的资料，通过研究者的主动抽象,不断进行发展概括,最终将资料提取成独立、信息完整的概念单元。本次居民获得感指标体系建立研究中确定编码的概念共 58 个,利用 Nvivo 软件将相近概念进行整理合并,形成 23 个范畴化概念。如表 3-4 所示。

表 3-4　开放式编码及范畴化

序号	访谈原始语句	概念化
1	A. 外面的墙壁做了粉刷,靠街的那一侧还贴瓷砖了呢!这搞得还挺好的	外立面粉刷、贴瓷砖
2	C. 建筑物本体改造包括屋面防水、楼道修缮、立面整治等项目	外墙整饰
3	A. 楼梯以前很旧,现在给它重新翻修了,总归比之前好,就是垃圾还有人会乱放	楼梯扶手装修
4	A. 大一点的超市有一个,还有不少小店家,买东西是很方便的	超市市场
5	A. 现在有了酒店餐厅吃饭方便多了,有人来的话,不用开车去很远的地方	酒店餐厅
6	B. 附近就有银行和自助取钱的	银行
7	A. 门禁改得很好,比以前方便还安全	智能化门禁系统
8	A. 广场那边就有一个报警桩,就是不会用,也没什么讲解,像我这样的老年人,真的不懂	智能化报警桩
9	A. 小区以前没有这样的休息的亭子,改造以后有了休息的亭子,很不错,散步也有休息的地方	景观提升改造
10	B. 出入口都已经设置了分流,这样规划安全多了	设置人车分流
11	A. 我们小区里的车子本来就多,管理还是十分不规范,没什么路标,真是太危险了,这次设置了路标,规划了斑马线,一般很大的车子也不让进出,出行上面安全了很多	完善交通标志
12	B. 小区管理很严格,大车是无法进入的	禁止大车入小区
13	D. 安全指标应包括安全监控的设计和消防完善性	安全指标
14	A. 我们小区治安还是不错的,保安和警务都有,非常方便	治安管理
15	A. 养狗的人现在是越来越多了,不少人还是遛狗不牵绳,实在是太危险了,小孩子被咬伤了可怎么办	宠物管治
16	B. 防盗门窗做了统一的增加,每家每户都安装了防盗门窗	安装防盗门窗
17	D. 消防完善性是安全指标之一	灭火器

续　表

序号	访谈原始语句	概念化
18	A.最近看到消防设施比较明显,以前不知道是没有,还是不显眼	消防泵设置
19	A.有户外的活动中心,很多简单的建身器材可以用,我比较忙不怎么去,我爸妈经常带着孩子去那边锻炼锻炼	文体活动中心设置
20	A.有一些运动的器材,一般我们家人吃完饭就会下来走走	户外健身器材
21	A.托幼所挺方便的,有时候自己忙让小孩过去比较方便	托幼所设置
22	B.我们这有图书室,疫情(期间)不怎么给开	图书室设置
23	D.包括维修小区主、次道路,完善步行系统和人行安全设施	路面重新铺设
24	A.把之前的绿化地拓宽成了道路,有好也有不好,绿化面积减少了	路面加宽
25	A.路上的树不多,希望多种树	行道树遮荫
26	B.绿化点改成了步行街道和广场	步行空间
27	A.我们这个小区建设得比较早,那时候又不是每家都有车,停车位太少了,好多车都没法停。现在基本上每家都有停车位了	增设停车位
28	C.增设非机动车充电桩被列为南京市老旧小区整治重要内容	增设非机动车充电桩
29	A.增加了停车位以后乱停车的现象就改善很多	非法停车
30	A.现在小区晚上很亮,去哪都是很方便,安装了路灯更安全了。不像以前到了晚上小区就是很暗	照明设施
31	A.我们都六七十岁的人了,早就退休了,现在没啥事,就是想要个地方散散步,活动活动筋骨	增设公共活动中心
32	D.公共空间改造包含宅旁空地和边角地布置休憩设施	设置休憩设施
33	B 增加了地下空间	地下空间利用
34	A.地下管道经常漏水啊这些问题,我们已经投诉好多次了,都没什么用处,自从重新修了以后就没出现过什么问题了	供水管网改造
35	C.柳州市老旧小区改造政策中市政配套设施中包含供水管网改造	排水管网改造
36	A.加了点树,铺了点草坪,其他景观没有	草地绿化整治
37	D.景观绿化中包含人居环境美化、居住舒适度提高	景观绿化整治

序号	访谈原始语句	概念化
38	C. 环境整治中需要设置环卫设施,例如设置垃圾桶	设置垃圾桶
39	A. 垃圾分类有段时间宣传很多,宣传栏很多地方都张贴了,分类的垃圾桶都设置了,但是没有落实好	宣传垃圾分类政策
40	B. 有保洁人员来清理垃圾,还是挺干净的	楼道及道路垃圾治理
41	A. 窗户换成了保温的,这个改得很满意,而且很隔音	外窗节能改造
42	A. 涂刷了一层保温的涂料	外墙保温节能改造
43	A. 我家房子就是对着街道的,噪音太大了,以前小区的房子隔音没做好,这次统一给我们这种对着街道的房子做了隔音	噪音污染
44	C. 老旧小区改造既有住宅增设电梯	增加住宅室内外电梯
45	B. 单元楼入口和门厅都设置了无障碍扶手和坡道	无障碍扶手
46	A. 改造新修了坡道,就在每栋楼前面	无障碍坡道
47	B. 小区门口就有残疾人服务中心	建立残疾人服务站
48	A. 我家老人对小区开的免费吃饭的食堂很满意,饭菜也很不错,关键方便啊,像我们白天出去工作,中午也不方便回来做饭,有了这个食堂真的方便了很多	老年食堂
49	A. 现在只有凉亭让我们老年人在里面聊天打牌,没其他的地方,别的小区就做了比较好的地方给老年人	老年化活动场所
50	B. 我们小区管理制度是十分健全的	小区管理制度落实情况
51	A. 小区通知事情也都在微信群,公告栏贴不贴我就不知道了,微信群就很方便	搭建线上智能化交流平台
52	A. 小区里边就有一个公共的活动中心,逢年过节的就会有一些文艺汇演,小区里热闹得很,我们现在跟邻居都熟络起来了。平常广场上也有不少人在这里,一起聊天,关系都比较好	开展交流活动
53	D. 小区开展民主会议的频率	政治参与情况
54	A. 管理这方面以前不行的,反映到物业都没用,有时候家里出现点毛病,办一件事都办不成。现在好了,小区里增加了一个专门的服务点,有电话可以直接反馈到服务点或居委会,这就立马派人来解决,太省心了	投诉渠道与方式多样化

序号	访谈原始语句	概念化
55	A. 现在有专门的投诉电话，要是物业解决不好，我们就直接投诉，这样物业解决问题就快很多了，比如你看现在有个什么事，也不拖着了	投诉案件解决效率
56	D. 违章建筑拆除也是老旧小区改造的指标之一	处理私自搭建围建
57	A. 之前看到过，比如垃圾分类	政策宣传情况
58	A. 更新比较及时，张贴在楼梯口，很容易看到	政策更新频率

（由于篇幅有限，原始资料的每个编码选择只展示一个代表性的语句）

3.1.3.2 主轴编码

本节对经过开放式编码以后形成的 58 个初始化概念进行主轴编码，挖掘老旧小区改造实施下各独立范畴的因果关系内涵，形成 23 个存在显著逻辑关系的副范畴，在这个基础上，聚合出 6 个主范畴，各主范畴轴心、对应副范畴以及因果关系内涵具体如表 3-5 所示。

表 3-5 主轴编码表

相关概念	主轴式范畴	选择编码
楼梯扶手装修、雨棚改造、外立面粉刷、贴瓷砖、超市市场、酒店餐厅、银行、智能化门禁系统、智能化报警桩、景观提升改造、增设宠物拾便纸、增设自取快递柜	1. 建筑外观美化度 2. 商业服务完善度 3. 小区智能化程度	经济获得感
设置人车分流、完善交通标志、禁止大车入小区、治安管理、宠物管治、安装防盗门窗、治安监控、灾害培训演习、灾害逃生设备	4. 交通安全感 5. 治安安全感 6. 消防设施安全感	安全管理获得感
文体活动中心设置、户外健身器材、运动场馆设置、托幼所设置、图书室设置、路面重新铺设、路面加宽、禁止占用道路、增设停车位、增设非机动车充电桩、非法停车、行道树遮荫、步行空间、照明设施设置、增设公共活动中心、利用边角空地设置休憩设施、地下空间、供水管网改造、排水管网改造	7. 文体设施服务完善度 8. 道路交通服务完善度 9. 停车服务完善度 10. 照明设施服务完善度 11. 公共活动空间拓宽度 12. 地下综合管网设施完善度	公共设施服务获得感
草地绿化整治、景观绿化整治、设置垃圾桶、宣传垃圾分类政策、楼道及道路垃圾治理、外窗节能改造、外墙保温节能改造、噪音污染	13. 绿化及景观环境质量程度 14. 楼道及道路清洁程度 15. 建筑节能改造程度	生态环境获得感

相关概念	主轴式范畴	选择编码
增加住宅室内外电梯、建立残疾人服务站、提供残疾人专用设备、老年食堂、老年化活动场所、盲道、无障碍扶手、无障碍坡道、小区管理制度落实情况、处理私自搭建围建	16. 既有住宅增设电梯配备度 17. 提供特殊人群服务健全度 18. 管理制度健全度 19. 违章建筑处理效率	社会保障获得感
搭建线上智能化交流平台、开展交流活动、民主会议参与频率、投诉渠道与方式多样化、投诉案件解决效率、政策宣传情况、政策更新频率	20. 小区开展交流活动频率 21. 政治参与度 22. 居民诉求渠道丰富度 23. 政务公开情况	政治获得感

3.1.3.3 选择编码

选择编码是为了整理范畴之间的关系,从中获得"核心范畴",对整体的行为和现象进行描述,最终得出的主范畴关系结构展示了范畴与范畴之间的逻辑关系和结构框架。本章确定的核心范畴是老旧小区改造对居民获得感的影响,选择编码表如上表所示。

3.1.3.4 饱和性检验

本章为了验证调查研究结果的理论饱和度,从原始资料中随机选取样本,继续进行提取,利用扎根理论得出提取的过程,从而通过相应的分析比较,当不会再出现新的初始概念或者新的范畴,即可认为本章所研究的老旧小区改造过程中居民获得感指标的理论模型是正确的,符合饱和性检验的要求,可以继续做接下来的理论分析过程。

3.1.4 评价指标说明

根据前文的扎根理论过程,编码出来的老旧小区改造居民获得感指标体系由 6 个二级指标和 23 个三级指标组成,本节对二级指标和三级指标的内涵进行具体的说明。

激活城市活力——中国式现代化背景下城市更新与市地整理研究

3.1.4.1 经济获得感

经济获得感是指在改革发展过程中,民众对经济获得的主观感受,一般包括宏观经济获得感、个人经济获得感、分配公平获得感。在老旧小区改造中,经济获得感指居民在经济方面获得的物质收获,在本章中经济获得感包括建筑外观美化度、商业服务完善度和小区智能化程度,这几个指标反映了老旧小区改造过程中居民的经济方面的获得,其中建筑外观美化度包括外墙粉刷、雨棚改造等;商业服务完善度包含超市、餐厅、银行和快递柜等商业服务的完备度;小区智能化包括智能充电桩、智能报警设备等。

3.1.4.2 安全管理获得感

安全管理获得感是指在老旧小区改造过程中,重点改造以安全管理为中心的服务方面,例如治安安全、交通安全和消防设施安全,从而提升居民的获得感。在本章中,治安安全获得感指标包括安装防盗门窗、治安监控的完备度以及宠物管治等;交通安全获得感则包含设置人车分流、完善交通标志和非法停车等;消防设施安全获得感包括灾害培训演习、灾害逃生设备。

3.1.4.3 公共服务获得感

公共服务获得感是指在老旧小区改造过程中,对公共设施进行改造提升,居民在此过程中获得的主观感受。公共服务包括文体设施服务、道路交通服务、停车位完善度、照明设施服务、拓宽公共活动空间和地下综合管网设施完善性,其中道路交通服务包括步行环境(例如行道树种植、步行空间等)、道路路面整治、路面加宽等;停车位完善度是指机动车停车位、非机动车停车位的完备度、非机动车充电桩配备的完善度。

3.1.4.4 生态环境获得感

生态环境获得感是指在对老旧小区生态环境进行改造,居民所获得的主观感受,生态环境获得感指标主要包括:绿化及景观环境质量、楼道及道路清洁程度和建筑节能完善度。其中,绿化景观环境质量包含景观和草地绿化,楼道及道路清洁程度包括设置环卫设施、宣传垃圾分类的政策等;建筑节能包括外墙、外窗的保温节能、楼地面节能及噪音污染的改善等。

3.1.4.5 社会保障获得感

社会保障获得感是衡量老旧小区改造居民获得感的一个重要的指标,其包括既有住宅增设电梯配备度、提供特殊人群服务和管理制度健全度。其中,提供特殊人群服务是指在老旧小区改造中设置无障碍坡道和无障碍扶手、成立残疾人服务站、适老化改造等,其中适老化改造包含成立老年人活动中心、老年食堂、小区养老服务机构等。

3.1.4.6 政治获得感

政治获得感指标包含小区政治交流活动开展频率、政治参与度、居民诉求渠道丰富度、违章建筑处理效率和政务公开获得感,其中政治参与度影响民众对政治的科学性等,政治参与度高会使得居民政治获得感高,产生积极的作用;小区开展政治交流活动的频率体现了居民在政治活动中的话语权的大小,也是体现政治获得感高低的指标之一;居民诉求渠道丰富度是指居民投诉渠道与方式多样化和投诉案件解决效率;政务公开是指政府日常政策宣传、政务更新频率、政务公开渠道丰富性等。

3.2 基于可拓物元法的居民获得感评价模型构建

3.2.1 获得感评价方法选取

通过上文文献综述分析常用的居民获得感评价方法,根据老旧小区改造中居民获得感研究的需求,探讨适合于本章的研究方法,具体分析如下。

3.2.1.1 居民获得感权重确定方法

针对居民获得感的权重,本章总结居民获得感文献中的评价方法,比较客观赋值法和主观经验法,这两个方法各有所长,但均存在一定的局限性,因此本章拟采用客观赋值法和主观经验法综合在一起的综合赋值法,这样可以避免两种方法所导致的极端化情况的出现(表3-6)。

表 3-6　本章拟采用的权重确定方法

方　　法	使用范围
AHP 层次分析法	AHP 层次分析法是指研究对象各层级之间的隶属度关系,判断每层指标两两之间的重要性,量化处理,计算各层级评价指标的权重值
熵值法	熵权法是根据居民获得感各项指标的变异程度,确定各个指标的权重值,更加客观

3.2.1.2 居民获得感评价方法

本章主要的研究方法是可拓物元评价法。可拓物元评价法适合解决模糊性和不确定且不相容的问题,根据老旧小区改造中居民获得感的特性,选取可拓物元评价法,此方法用于对居民获得感进行定性与定量分析。

3.2.2 基于 AHP- 熵值法指标权重的确定

本章通过比较几种主客观指标评价方法,分析各方法之间的优点与缺点发现:主观经验法和客观赋值法都有较强的科学依据,但存在一定的局限性,主观经验法的评价结果主观性太强,客观赋值法缺乏各个指标之间的横向对比,因此本章拟采用 AHP 层次分析法与熵权法共同进行权重确定,在一定程度上弥补了用单一方法的不足之处。

3.2.2.1 AHP 层次分析法确定权重

在主观权重赋值法中,经常用的方法之一就是层次分析法,即 AHP 法,就是一种将多目标的复杂问题,通过层次分析以后,表示成为有序且递阶的结构的实用的决策方法。对于利用层次分析法做决策的研究来说，要经过思维和心理的判断，对每一种的方案进行决策和判断，将各种方案进行相应的排序，这样有利于决策参考。这种方法具有实用性、系统性等特点，可以集中研究方案中的各种因素，经常应用于社会经济系统的决策分析中，计算步骤如下。

（1）构造判断矩阵 B

设 B 有 n 个评价指标，则可用 b_i、b_j 来表示第 i、j 个评价指标（i、j=1，2，3…n)，用 b_{ij} 来表示 b_i 和 b_j 之间的相对重要性：

$$B = \begin{pmatrix} b_{11} & \cdots & b_{1n} \\ \vdots & \ddots & \vdots \\ b_{n1} & \cdots & b_{nn} \end{pmatrix} \tag{3.2.1}$$

一般用 1~9 及其倒数表示 b_{ij} 的标度，如表 3-7 所示。

表 3-7　判断矩阵重要性标度

重要性标度	意　义
1	两指标对比，同样重要
3	两指标对比，前者比后者稍微重要
5	两指标对比，前者比后者明显重要
7	两指标对比，前者比后者强烈重要
9	两指标对比，前者比后者极端重要
2,4,6,8	表示上述判断的中间值
倒数	$b_{ij} = \dfrac{1}{b_{ij}}$

其中，b_{ij} 满足：$b_{ij} > 0, b_{ii} = 1$。

（2）求特征向量 W

将判断矩阵 B 按行求积后再求根得到向量 W，如公式 3.2.2、3.2.3 和 3.2.4 所示：

$$v_i = \sqrt[n]{\prod_{j=1}^{n} b_{ij}}, \tag{3.2.2}$$

$$w_i = \frac{v_i}{\sum_{i=1}^{n} v_i}, \tag{3.2.3}$$

$$W = \left(W_1, W_2, \ldots, W_N\right)^T. \tag{3.2.4}$$

（3）一致性检验

为了避免出现逻辑矛盾，需要做一致性检验，当 CR < 0.1 时，一致性通过，如公式 3.2.5、3.2.6 和 3.2.7 所示。

$$B = \lambda_{\max} W, \tag{3.2.5}$$

$$CR = CI \big/ RI, \tag{3.2.6}$$

$$CI = (\lambda_{\max} - n) \cdot (n - 1). \tag{3.2.7}$$

RI 为判断矩阵的一致性指标，RI 在 1–12 阶的常量如表 3–8 所示。

表 3–8　1–12 阶的 RI 常量值

阶数	1	2	3	4	5	6	7	8	9	10	11	12
值	0	0	0.58	0.9	1.12	1.24	1.32	1.41	1.45	1.49	1.52	1.54

3.2.2.2 客观权重赋值法之熵权法

熵值法是一种客观赋权的方法，它是根据指数变化的幅度来决定客观权值，而不会因主观因素的变化而变化。在做出决定时，熵可以为系统提供非常可靠的信息，因为熵可以很好地描述信息与系统的关系，也就是说，信息的数量越多，对整个系统的影响就越大。具体的计算方法是：

（1）对 n 个专家对 m 个评价指标进行打分，以 X_{ij} 来表示第 i 部分第 j 指标的打分值（$i = 1,2, \cdots, n$；$j = 1,2,\cdots,m$）

（2）指标数据标准化：

$$Y_{ij} = \frac{X_{ij} - minX_{ij}}{maxX_{ij} - minX_{ij}}. \tag{3.2.8}$$

（3）计算第 j 指标的熵值：

$$e_j = -k \sum\nolimits_{i=1}^{n} p_{ij} \ln p_{ij}. \tag{3.2.9}$$

其中，$k = \dfrac{1}{\ln n} > 0$，且 $e_j \geq 0$

$$p_{ij} = \frac{Y_{ij}}{\sum_{i=1}^{n} Y_{ij}}. \tag{3.2.10}$$

4）计算权重

令 $d_j = 1 - e_j$，则权重 w_j 为：

$$W_j = \frac{d_j}{\sum_{i=1}^{n} d_j}. \tag{3.2.11}$$

3.2.2.3 综合权重

在采用单一的赋值法计算权重的过程中,由于不同方法有不同的侧重点,计算得出的指标权重值与指标本身对评价体系信息贡献度可能出现较大偏差。主观赋权法忽略了数据本身带有的影响信息。而客观赋权法在数值范围变化不大,但是指标本身比较重要的时候,无法合理赋权。为缩小赋权过程的误差,综合主观和客观的赋权方法,可有效弥补两种赋权方法的缺陷。计算公式如下:

$$W_i = \theta w_i^{'} + (1-\theta)w_i^{''}. \quad (3.2.12)$$

其中,w_i 代表第 i 个指标的综合权重,w_i' 代表第 i 个指标的主观赋权权重,w_i'' 代表第 i 个指标客观赋权权重,$i = 1,2,3,\cdots,n$。Θ 取值范围 $0 < \theta < 1$。本章拟定 θ 取值为 0.5。

3.2.3 基于可拓物元法的老旧小区改造居民获得感评价研究

3.2.3.1 可拓物元模型构建

（1）构建物元 R

若用 N_e 表示待评价对象物元,V_i 表示 N 关于特征 C_i 的特征值,则待评价事物的物元模型 R 表示为:

$$R = (N, C_i, V_i) = \begin{pmatrix} N_j & C_1 & V_1 \\ & \vdots & \vdots \\ & C_n & V_n \end{pmatrix} \quad (3.2.13)$$

（2）确定经典域 R_j

设待评价对象的安全程度可分为 m 个等级 N_1、N_2,$\cdots$,N_m,则第 j 个等级的物元模型为:

$$R_j = (N_j, C_i, V_{Ji}) = \begin{pmatrix} N_j & C_1 & <a_{j1}, b_{j1}> \\ & \vdots & \vdots \\ & C_n & <a_{jn}, b_{jn}> \end{pmatrix} \quad (3.2.14)$$

在公式（3.2.14）中,N_j 表示第 j 个等级的物元;C 为物元的特征集;C_i 表示等级 N_j 的 i 个特征,$i = 1,2,3,\cdots,n$;区间 $<a_{jn}, b_{jn}>$ 代表 N_j 特

征 C_i 的量值范围,即各等级的相关特征的数据范围,该区间在物元模型中称为经典域。

（3）确定节域 R_p

N 表示所有等级的物元,$N_j \in N$,区间 $<a_{pn}, b_{pn}>$ 是物元 N 的特征 C 的量值范围,该区间被称为节域。各个节域在物元模型中表示为:

$$R_p = \left(N_p, C_i, V_p \right) = \begin{pmatrix} N_p & C_1 & <a_{p1}, b_{p1}> \\ & \vdots & \vdots \\ & C_n & <a_{pn}, b_{pn}> \end{pmatrix} \quad （3.2.15）$$

3.2.3.2 关联度计算

关联性是指某一特定区域内某事物与某区域的从属关系。如果某一事件处于多个区间,且在某一区间具有最大隶属度,则表示该事件属于该区间。通常第 i 个指标数值关于第 j 个评价安全等级的关联函数 $K_j(v_i)$ 为:

$$K_j(v_i) = \begin{cases} \dfrac{-p(v_i, V_{ji})}{|V_{ji}|}, & p(v_i, V_{pi}) = p(v_i, V_{ji}) \\[3mm] \dfrac{p(v_i, V_{ji})}{p(v_i, V_{pi}) - p(v_i, V_{ji})}, & p(v_i, V_{pi}) \neq p(v_i, V_{ji}) \end{cases} \quad （3.2.16）$$

其中,评价因素的实际值为 v_i；衡量节域区间大小的数值是 $|V_{ji}|$；衡量 v_i 点区间大小的数值为 $p(v_i, V_{ji})$,描述点 v_i 到经典域 $V_{ji} = <a_{ji}, b_{ji}>$ 距离为 $p(v_i, V_{pi})$,节域为 $V_{pi} = <a_{pi}, b_{pi}>$,公式如下:

$$p(v, V) = \left| v - \frac{(a+b)}{2} \right| - \frac{b-a}{2} \quad （3.2.17）$$

那么评价对象 R 关于 j 等级的联合关联度公式为:

$$K_j(R) = \sum\nolimits_{i=1}^{n} w_i k_j(v_i) \quad （3.2.18）$$

3.3 实证分析：以南京市八个老旧小区为例

3.3.1 研究区域概况

南京市一直以来十分重视和关注老旧小区改造，2017—2020年，南京市连续四年把老旧小区改造工作纳入民生实事项目。南京市2021年发布的最新《关于推进南京市老旧小区改造工作的实施意见》中指出，到"十四五"期末，2000年底前建成的城镇老旧小区改造任务基本完成，基本形成老旧小区改造制度框架、政策体系和工作机制，不断扩大市场化、专业化、智慧化物业管理服务覆盖面，建成美丽宜居、生活质量显著提高的现代化小区。

本次调研从鼓楼区、秦淮区、建邺区、玄武区、栖霞区及雨花台区的老旧小区中随机选取2000年前后建成的8个小区进行调研。

表3-9 调查样本信息汇总表

调研小区	所属区域	改造时间
北阴阳营小区	鼓楼区	2019年
滨江花园小区	鼓楼区	2019年
四方新村小区	秦淮区	2018年
鸿达新寓小区	建邺区	2018年
玉兰里小区	建邺区	2020年
雍园41号	玄武区	2021年
尧林仙居	栖霞区	2019年
梅苑小区	雨花台区	2020年

（1）北阴阳营小区

北阴阳营小区位于鼓楼区，本小区存在的问题有屋顶漏水、外墙渗水、线路杂乱无章、照明设施破损严重、道路坑洼不平、非机动车充电十分困难等生活环境各方面问题。为了改变这一现状，北阴阳营在2019年进行了老旧小区改造，改造内容涉及建筑立面改造、基础设施改造和充电桩、快递柜等的增加。

（2）滨江花园小区

滨江花园小区位于南京市鼓楼区,在改造之前小区环境比较恶劣,外墙皮脱落,车辆乱停乱放。在 2019 年进行老旧小区改造,主要改造内容是屋面和外墙修整,楼道整治,增加停车位,绿化环境整治以及提高小区内综合治理等问题。

（3）四方新村小区

四方新村是秦淮区的一个老旧小区,建于 20 世纪 90 年代,共 88 栋房屋,5200 多户。四方新村改造前共有 258 个居民地下室,4 个小型餐饮企业的地下室,存在着严重的安全问题,并产生了噪声、油烟等环境污染。此外,小区内还有一些住户在"开荒种菜"、圈鸡舍,街上也出现了大量返潮的情况。小区硬件设施陈旧,道路凹凸不平,建筑外墙斑驳剥落,雨水管道破损,路面破损,积水严重。为了改变这一现象,四方新村小区在 2018 年进行了老旧小区环境整治计划,四方新村以"便民适老、智慧宜居"为切入点,按照示范小区的标准进行改造,在建筑立面、屋顶、楼道道路、车棚及违章建筑拆除等方面做了很大的改造,同时小区内增加了停车位、便民器材、适老化广场及引入智能化改造等,实现了全方位改造,对后续小区治理能力的提升也提供了很大的帮助。

（4）鸿达新寓小区

鸿达新寓小区位于南京市建邺区,改造之前此小区存在建筑外立面墙体渗水、脱皮,路面凹凸不平且开裂,线路杂乱无章,景观设施陈旧破损等问题。在 2018 年鸿达新寓小区被列入老旧小区改造工程,改造内容不仅涉及基础设施改造、建筑本体改造、公共服务和道路交通改造,还注重老旧小区智能化改造。鸿达新寓小区智能化改造内容涉及小区大门口和非机动车车棚门人脸识别系统、智能充电桩、小区人行管控系统、车牌识别系统、安全防护监控中心和综合管路等智能化管理手段。

（5）玉兰里小区

玉兰里小区建成于 2000 年,存在屋面渗漏、安全设施缺失、环境差、基础设施不完善等诸多问题。南京市将其纳入 2020 年的整治规划中,重点是立面改造、门禁人脸识别系统、智能防盗、弱电下地、拓宽道路、疏浚排水、停放车辆、拓宽空间、完善基础和服务性设施等。此外,还实施了雨水、下水道的疏浚,增加了适合老人的设备,建立了智能监测系统,增加了非机动车辆的充电桩。

（6）雍园 41 号小区

雍园 41 号小区位于南京市玄武区内,根据南京市规划要求,在 2021 年对本小区进行改造,改造内容围绕便利化、适老化、安全化、环保化、美观化、特色化的"六化"综合改造思想,不但要进行外墙立面的改造,还要进行屋顶防水工程、休闲广场建设、老龄化配套设施建设、门禁安全安装等,建设"红色物业",实行"齐抓共管""共建共享"的社区管理模式。

（7）尧林仙居

尧林仙居是尧化街道最大的尧化街道,坐落在栖霞区。该小区共有 28 万平米,共计 97 栋住宅楼。此次调查的地点位于尧林仙居,尧林仙居存在着基础设施陈旧,路面破损,积水严重,照明设施失修,便民健身器材、走道、凉亭等设施严重损坏,楼顶、外立面渗水,同时严重缺乏监控等安全设施,停车位不足。2019 年,尧林仙居社区开始老旧小区改造工作,改造内容涉及基础设施、停车位、外立面修补、增加门禁系统、更新健身设施及场地等多个方面。

（8）梅苑小区

梅苑小区位于南京市雨花台区,在 2020 年纳入南京市老旧小区整治计划,改造内容包括雨污水分流、道路下水、停车位、监控、绿化补植、外立面、路灯、增设内部监控、添加"书香梅苑"文化元素。

根据以上对调研样本的总体概况,选取的样本小区所涉及的改造内容包含经济、安全管理、公共服务、生态环境、社会保障和政治等方面,涉及建筑外观改造、商业服务改造、智能化改造、治安管理改造等方面,涵盖了南京市老旧小区改造工作的基本内容。同时,从上文对老旧小区改造内容的基础研究中可知,全国各地老旧小区改造内容与南京市相似,南京市老旧小区改造的居民获得感评价指标体系和模型具有普适性。

3.3.2 数据来源

3.3.2.1 调查问卷设计原则

问卷设计是调研成功的重要基础之一,问卷设计需要紧扣调查目的,避免题目过于复杂,通俗易懂,突出重点,完整展现调研所需要信息。主要遵循的原则如下。

(1)依据文献及初步访谈结果,设计问卷指标和问题,进行初步修改与删减,选项与调研内容相关性高,保证问卷真实有效。

(2)在问卷中明确此次调研的目的和意义,同时要避免泄露个人隐私。

(3)调查问卷的语言表达要简洁,符合本地人的阅读能力,尽量不用特别的词语或具有较强的引导性,要遵循从易到难、易于理解的原则,以保证收集到充分的资料,以利于深入挖掘。

3.3.2.2 调查问卷设计内容

本次调查问卷分为社区管理人员调查问卷和社区居民调查问卷。

对于小区管理人员的问卷设计,主要包括小区基本资料,即小区面积、居民人口、小区配套设施情况、小区建设时间、小区改造时间、改造内容情况等。

对于小区居民的问卷设计,主要包括三个部分:第一部分主要是个人基本信息,主要有年龄、性别、工作属性等。第二部分是居民获得感评价,分为经济获得感、安全管理获得感、公共服务获得感、生态环境获得感、社会保障获得感和政治获得感;通过访谈明确居民对小区改造的获得感评分,调查问卷指标的测度采用国际公认的 Likert(李克特)五级量表法。第三部分是居民对老旧小区改造工作参与情况的调研,通过这部分的统计分析,了解居民对改造工作的参与程度等情况。

3.3.2.3 调研数据获取与分析

为保证问卷的真实有效性,利用调研弥补了问卷设计的不足。本研究从 2021 年 6 月在鼓楼区、秦淮区、建邺区、玄武区、栖霞区、雨花台区共发放 450 份问卷,剔除被访者没有认真填写和答案一样的问卷 47份,有效问卷为 403 份问卷,问卷有效率 89.6%。由于获得感评价问卷重点是得出小区居民对改造评价的获得感评分,因此发放对象涵盖了 8 个改造小区内的小区居民、物业管理人员、社区工作人员等,并且通过发放管理人员调查问卷了解小区基本情况以及改造工作的情况。运用 SPSS 22.0 对预调研数据进行描述性统计分析、信度分析和效度分析（表 3–10）。

表 3–10　受访者基本信息

变量	选项	频数	占比	变量	选项	频数	占比
性别	男	188	44.65%	职业	政府机关干部	12	2.98%
	女	215	53.35%		企事业单位职工	197	46.88%
年龄	18 岁以下	40	9.92%		私营企业或个体经营	75	16.61%
	19—30 岁	86	21.34%		离退休人员	39	9.68%
	31—45 岁	113	26.04%		学生	52	12.90%
	46—60 岁	96	23.83%		其他	28	4.95%
	61 岁以上	68	14.87%	收入	3000 元及以下	108	24.80%
学历	初中及以下	142	33.24%		3001—5000 元	124	30.77%
	高中及中专	148	34.72%		5001—8000 元	96	23.82%
	大专	75	16.61%		8001—12000 元	43	10.67%
	本科	37	9.18%		12001 元以上	32	5.94%
	研究生及以上	1	0.25%				

（1）信度分析（表 3–11）

表 3–11　居民获得感信度分析

指标	Cronbach's Alpha	基于标准化项的 Cronbach's Alpha	项数
经济获得感	0.889	0.889	3
安全管理获得感	0.802	0.803	3
公共服务获得感	0.799	0.796	6
生态环境获得感	0.729	0.748	3
社会公正获得感	0.775	0.776	4
政治获得感	0.845	0.847	4

（2）效度分析（表 3-12）

表 3-12 KMO 和巴特利特检验

KMO 取样适切性量数		0.801
巴特利特球形度检验	近似卡方	4583.969
	自由度	253
	显著性	0.000

3.3.3 构建南京市老旧小区改造居民获得感模型

本节根据前文的深度访谈结果，结合老旧小区改造特点，利用扎根理论得出老旧小区改造居民获得感评价指标体系（表 3-13）。

表 3-13 城市更新下老旧小区改造改造居民获得感研究

城市更新中老旧小区居民获得感研究	A. 经济获得感	A1. 建筑外观提升
		A2. 商业服务完善度
		A3. 小区智能化改造
	B. 安全管理获得感	B1. 交通安全感
		B2. 消防设施安全感
		B3. 小区治安全感
	C. 公共服务获得感	C1. 文体设施服务完善度
		C2. 道路交通服务完善度
		C3. 停车服务完善度
		C4. 照明设施服务完善度
		C5. 公共活动空间拓宽度
		C6. 地下综合管网设施完善度
	D. 生态环境获得感	D1. 绿化及景观环境质量程度
		D2. 楼道及道路清洁程度
		D3. 建筑节能改造程度度
	E. 社会保障获得感	E1. 既有住宅增设电梯配备度
		E2. 提供特殊人群服务健全度
		E3. 管理规章制度健全度
		E4. 违章建筑处理效率
	F. 政治获得感	F1. 小区开展政治交流活动频率
		F2. 政治参与度
		F3. 居民诉求渠道丰富度
		F4. 政务公开情况

（1）获得感评分

本章的获得感评分来源于实地问卷调查，采用五级量表形式，获得感最高的是 5 分，较高为 4 分，一般为 3 分，较低为 2 分，最低为 1 分，几乎没有为 0 分。

（2）评价模型建立

评价模型主要是以老旧小区改造获得感的等级为研究对象，构建多元物元：$R=(M,C,X)$，其中事物的特征记为：$C=(C_1,C_2,...,C_{23})$，其中 X 为 C 的向量集。

$$R=\begin{pmatrix} M & C_1 & X_1 \\ & \vdots & \vdots \\ & C_{23} & V_{23} \end{pmatrix}$$

（3）节域、经典域及物元矩阵的确定

本节根据上文中对南京市已改造完成的老旧小区中居民获得感进行调查得到的结果以及居民获得感评价模型，确定节域、经典域以及物元矩阵。其中物元矩阵 R_0 为老旧小区改造居民获得感模型，R_1、R_2、R_3、R_4 和 R_5 为经典域，节域 R_p 如下所示：

$$R_0=\begin{pmatrix} M & C_1 & 2.14 \\ & \vdots & \vdots \\ & C_{23} & 2.71 \end{pmatrix},\ R_1=\begin{pmatrix} M & C_1 & (0,1] \\ & \vdots & \vdots \\ & C_{23} & (0,1] \end{pmatrix},\ R_2=\begin{pmatrix} M & C_1 & (1,2] \\ & \vdots & \vdots \\ & C_{23} & (1,2] \end{pmatrix},$$

$$R_3=\begin{pmatrix} M & C_1 & (2,3] \\ & \vdots & \vdots \\ & C_{23} & (2,3] \end{pmatrix},\ R_4=\begin{pmatrix} M & C_1 & (3,4] \\ & \vdots & \vdots \\ & C_{23} & (3,4] \end{pmatrix},\ R_5=\begin{pmatrix} M & C_1 & (4,5] \\ & \vdots & \vdots \\ & C_{23} & (4,5] \end{pmatrix},$$

$$R_p=\begin{pmatrix} M & C_1 & (0,5] \\ & \vdots & \vdots \\ & C_{23} & (0,5] \end{pmatrix}$$

（4）关联度计算

根据上文公式计算南京市老旧小区改造居民获得感的 23 个指标的关联函数 $K_j(x_i)$，得出获得感低、获得感较低、获得感一般、获得感较高和获得感高五个等级，如表 3-14 所示。

表 3-14　关联度计算结果

指标	$K_1(x_i)$	$K_2(x_i)$	$K_3(x_i)$	$K_4(x_i)$	$K_5(x_i)$	MAX	等级
A1	−0.5640	−0.4187	0.1280	0.2560	−0.2990	0.1280	获得感较高
A2	−0.3574	−0.2530	0.1010	−0.2490	−0.4367	0.1010	获得感一般
A3	−0.1680	0.2530	−0.3735	0.5823	−0.6867	0.2530	获得感较低
B1	−0.8805	−0.8407	−0.7610	0.5220	−0.4780	0.5220	获得感较高
B2	−0.6335	−0.5113	−0.2670	0.4660	−0.2412	0.4660	获得感较高
B3	−0.8813	−0.8417	0.4750	−0.5250	−0.7625	0.4750	获得感一般
C1	−0.3558	−0.0948	0.2340	−0.2553	−0.4415	0.2340	获得感一般
C2	−0.5633	−0.4177	−0.1265	0.2530	−0.2995	0.2530	获得感较高
C3	−0.3547	0.2210	−0.0905	−0.2597	−0.4447	0.2210	获得感较低
C4	−0.5633	−0.4177	−0.1265	0.2530	−0.2995	0.2530	获得感较高
C5	−0.3567	−0.0984	0.2450	−0.2517	−0.4387	0.2450	获得感一般
C6	−0.1644	−0.2450	0.3775	−0.5850	−0.6887	0.3775	获得感一般
D1	−0.5313	−0.3750	−0.0625	0.1250	−0.3182	0.1250	获得感较高
D2	−0.5713	−0.4283	−0.1425	0.2850	−0.2942	0.2850	获得感较高
D3	−0.8215	−0.7620	−0.6430	0.2860	−0.2860	0.2860	获得感较高
E1	−0.1626	0.2410	−0.3795	−0.5863	−0.6897	0.2410	获得感较低
E2	−0.3054	0.2150	−0.1075	−0.4050	−0.5537	0.2105	获得感较低
E3	−0.5713	−0.4283	0.2850	−0.1425	−0.2942	0.2850	获得感一般
E4	−0.6332	0.5110	−0.2665	−0.2415	−0.4670	0.5110	获得感较低
F1	−0.7412	0.0350	−0.4825	−0.6550	−0.0327	0.0350	获得感较低
F2	−0.3708	0.4305	−0.1516	−0.1883	−0.3912	0.4305	获得感较低
F3	−0.4663	−0.2883	0.1350	−0.0595	−0.3471	0.1350	获得感一般
F4	−0.3835	−0.1780	0.4660	−0.1589	−0.3728	0.4660	获得感一般

3.3.4 确定南京市老旧小区改造居民获得感权重

3.3.4.1 AHP 层次分析法计算权重

本章根据 AHP 层次分析法计算指标权重的基本原理计算权重：由

专家对上文得出的老旧小区改造中居民获得感指标进行打分,根据打分结果计算各指标权重。

本章利用 yaahp 软件构建老旧小区改造居民获得感模型,其中决策目标为老旧小区改造居民获得感,中间层要素为经济获得感、安全管理获得感、公共服务获得感、生态环境获得感、社会保障获得感和政治获得感。

表 3-15　老旧小区改造居民获得感一级指标判断矩阵及其权重

	A	B	C	D	E	F	G	W	CR
A	1	1/4	1/2	1/3	1/2	2	2	0.0824	
B	4	1	2	1/2	1	5	4	0.3276	
C	2	1/2	1	1/2	2	4	4	0.2392	0.019 < 0.1
D	3	2	2	1	2	3	3	0.1694	
E	2	1	1/2	1/2	1	3	2	0.1258	
F	1/2	1/5	1/4	1/3	1/3			0.0558	

表 3-16　A 经济获得感二级指标判断矩阵及其权重

	A1	A2	A3	W	CR
A1	1	1/4	1/2	0.1365	
A2	4	1	3	0.6250	0.018 < 0.1
A3	2	1/3	1	0.2385	

表 3-17　B 安全管理获得感二级指标判断矩阵及其权重

	B1	B2	B3	W	CR
B1	1	1/2	2	0.2970	
B2	2	1	3	0.5396	0.009 < 0.1
B3	1/2	1/3	1	0.1634	

表 3-18　C 公共服务获得感二级指标判断矩阵及其权重

	C1	C2	C3	C4	C5	C6	W	CR
C1	1	1/4	1/3	1/3	2	1/3	0.0704	
C2	4	1	2	2	5	2	0.3187	
C3	3	1/2	1	2	4	1/2	0.1863	0.028 < 0.1
C4	3	1/2	1/2	1	3	1/2	0.1405	
C5	1/2	1/5	1/4	1/3	1	1/4	0.0486	
C6	3	1/2	2	2	4	1	0.2355	

表 3-19   D 生态环境获得感二级指标判断矩阵及其权重

	D1	D2	D3	W	CR
D1	1	1/2	2	0.2970	
D2	2	1	3	0.5396	0.009 < 0.1
D3	1/2	1/3	1	0.1634	

表 3-20   E 社会保障获得感二级指标判断矩阵及其权重

	E1	E2	E3	E4	W	CR
E1	1	1/2	2	2	0.2628	
E2	2	1	3	3	0.4554	0.004 < 0.1
E3	1/2	1/3	1	1	0.1409	
E4	1/2	1/3	1	1	0.1409	

表 3-21   F 政治获得感二级指标判断矩阵及其权重

	F1	F2	F3	F4	W	CR
F1	1	1/4	1/4	1/2	0.0909	
F2	4	1	1	2	0.3636	
F3	4	1	1	2	0.3636	0.000 < 0.1
F4	2	1/2	1/2	1	0.1818	

3.3.4.2 熵值法计算权重

本章利用 Matlab 计算居民获得感客观权重，Matlab 计算代码如下所示，计算结果如表 3-22 所示。

```
R=[]
[rows,cols]=size（R）;
k=1/log（rows）;
Rmin = min（R）;
Rmax = max（R）;
A = max（R）- min（R）;
y = R - repmat（Rmin,51,1）;
%y（i,j）=（R - repmat（Rmin,51,1））/（repmat（A,51,1））;
for j = 1：size（y,2）
```

```
y（:,j）= y（:,j）/A（j）
end
S = sum（y,1）
Y = zeros（rows,cols）;
for i = 1 : size（Y,2）
Y（:,i）= y（:,i）/S（i）
end
lnYij=zeros（rows,cols）;
for i=1: rows
for j=1: cols
if Y（i,j）==0
lnYij（i,j）=0;
else
lnYij（i,j）=log（Y（i,j））;
end
end
end
ej=-k*（sum（Y.*lnYij,1））;
weights=（1-ej）/（cols-sum（ej））;
F = zeros（rows,cols）;
for k = 1 : size（R,2）
F（:,k）= weights（k）*y（:,k）
end
format long
F = sum（F,2）
```

3.3.4.3 计算综合权重

根据上文确定的主观权重与客观权重,通过综合权重计算公式计算南京市老旧小区改造中居民获得感指标权重,计算结果如表3-22所示。

表 3-22 居民获得感评价综合指标权重

一级指标	二级指标	主观权重	客观权重	综合权重
A. 经济获得感	A1. 建筑外观美化度	0.0122	0.0391	0.0257
	A2. 商业服务完善度	0.0514	0.0680	0.0597
	A3. 小区智能化程度	0.0196	0.0400	0.0298
B. 安全管理获得感	B1. 交通安全感	0.0973	0.0563	0.0768
	B2. 治安安全感	0.1768	0.0334	0.1051
	B3. 消防设施安全感	0.0535	0.0366	0.0451
C. 公共服务获得感	C1. 文体设施服务完善度	0.0168	0.0461	0.0315
	C2. 道路交通服务完善度	0.0762	0.0460	0.0611
	C3. 停车服务完善度	0.0445	0.0371	0.0408
	C4. 照明设施服务完善度	0.0336	0.0607	0.0472
	C5. 公共活动空间拓宽度	0.0116	0.0311	0.0214
	C6. 地下综合管网设施完善性	0.0563	0.0646	0.0604
D. 生态环境获得感	D1. 绿化及景观环境质量程度	0.0503	0.0619	0.0561
	D2. 楼道及道路清洁程度	0.0914	0.0304	0.0609
	D3. 建筑节能改造程度	0.0277	0.0430	0.0354
E. 社会保障获得感	E1. 既有住宅增设电梯配备度	0.0331	0.0364	0.0348
	E2. 提供特殊人群服务健全度	0.0573	0.0484	0.0529
	E3. 管理制度健全度	0.0177	0.0275	0.0226
	E4. 违章建筑处理效率	0.0177	0.0264	0.0221
F. 政治获得感	F1. 小区开展交流活动频率	0.0051	0.0296	0.0174
	F2. 政治参与度	0.0203	0.0477	0.0340
	F3. 居民诉求渠道丰富度	0.0203	0.0506	0.0355
	F4. 政务公开情况	0.0102	0.0390	0.0246

3.3.5 确定评价等级

评价因素的实际值为 v_i；衡量节域区间大小的数值是 $\left|V_{ji}\right|$；衡量 v_i 点区间大小的数值为 $p(v_i, V_{ji})$，描述点 v_i 到经典域 $V_{ji} = <a_{ji}, b_{ji}>$ 距离为

$p(v_i, V_{ji})$，节域为 $V_{ji} = <a_{pi}, b_{pi}>$，公式如下：

$$p(v, V) = \left| v - \frac{(a+b)}{2} \right| - \frac{b-a}{2}.$$

那么评价对象 R 关于 j 等级的联合关联度公式为：

$$K_j(R) = \sum_{i=1}^{n} w_i k_j(v_i).$$

结合计算所得关联函数和综合权重，通过关联度计算公式，得出五个等级的综合关联度，如下所示：

$$K_1(R) = \sum_{i=1}^{n} w_i k_1(v_i) = -0.4724,$$

$$K_2(R) = \sum_{i=1}^{n} w_i k_2(v_i) = -0.2494,$$

$$K_3(R) = \sum_{i=1}^{n} w_i k_3(v_i) = 0.1610,$$

$$K_4(R) = \sum_{i=1}^{n} w_i k_4(v_i) = -0.1590,$$

$$K_5(R) = \sum_{i=1}^{n} w_i k_5(v_i) = -0.3089.$$

如上所示，由于 $K_3(R)$ 在上式中取值最大，因此大城市更新中老旧小区改造等级属于三级，处于获得感一般。

3.3.6 南京市老旧小区居民获得感评价结果分析

3.3.6.1 评价结果

根据前文的可拓物元评价结果可知，城市更新中老旧小区获得感评价等级为获得感一般，政府、居委会、物业及居民应在各方面对老旧小区改造过程加强改进和参与，在不同方面进行相应的提升，从而提高居民在老旧小区改造过程中的获得感。

根据调查可知，大多数指标的居民获得感属于获得感一般等级，少数指标属于获得感较高和高等级，另外少部分的指标属于获得感评价等级较低，需要针对获得感较低的指标进行相应的分析，挖掘导致获得感低的原因及影响因素，从而更好地提升获得感。在小区智能化建设程度、停车位完善度、既有住宅增设电梯配备度、提供特殊人群服务、政治参与度、违章建筑处理效率这几个方面获得感普遍较低，因此，应着重改进老旧小区改造过程中的这几个方面的内容，利用相应手段提高老旧小区改造的居民获得感。

3.3.6.2 评价分析

（1）停车服务完善度低

在老旧小区改造过程中停车位问题一直较为突出，其中包括机动车和非机动车停车位的增多、非机动车充电设施的设置。在调查和访谈中，一些居民反映小区内的车辆数量有所增长，但是由于老旧小区改造工程中新增的停车位数量有限，依然不足以满足需求，尤其是在节假日，停车问题更是突出；而停车场由于安全、收费昂贵等原因，存在着闲置的问题。此外，小区内因缺乏物业管理，导致车辆停放秩序混乱，且存在占用消防通道、人行道、公共空间等问题。

（2）小区智能化建设程度低

近年来，老旧小区改造中重点强调小区智能化建设，例如智能化充电桩、智能化门禁、智能化报警桩等项目。智能化改造是指利用物联网、移动互联网等新兴互联网技术，将老旧小区打造成为一个智慧、舒适、安全、方便的现代化小区。在南京市老旧小区改造中，对智能化建造上有所欠缺，首先是智能化建设的技术还未得到普及应用，不同的老旧小区建成年份不一样，建筑建设情况复杂，无法进行标准化的智能化改造；其次是居民对互联网技术的普及并不深入，目前建成的智能化设施，对于学历低和年龄大的居民未起到正向影响的作用，反而在生活中使得这部分居民因为网络技术操作复杂阻碍了正常生活；最后，由于智能化建设涉及网络技术人才和管理服务人员，但是目前老旧小区中相关的专业性人才明显不足，导致后期维护和管理无法满足居民的需求。以上几个原因都造成了居民获得感较低。

（3）既有住宅增设电梯配备度低

既有住宅增设电梯是老旧小区改造中的一项重要内容，由于老旧小区建成比较早，住宅多不具备电梯，因此老旧小区改造项目将既有住宅增设电梯作为重点内容，然而在实际实施过程中却困难重重，主要原因在于增设电梯的费用出资、居民之间沟通协商都未能落实。一方面老旧小区改造中资金来源由住户分担，由于一楼二楼用户几乎不使用，多数拒绝承担，其他住户认为承担额度较高，会产生矛盾；另一方面由于加装电梯会遮挡阳光，居民之间极易产生矛盾。以上原因导致增设电梯数量很少，严重阻碍老旧小区改造的发展，降低居民获得感。

（4）提供特殊人群服务完善度较低

提供特殊人群服务的内容通常包含建立残疾人服务站、提供残疾人专用设备、老年食堂、老年化活动场所、盲道、无障碍扶手、无障碍坡道等相关服务，其中较为突出的矛盾是适老化改造问题。当前，我国进入老龄化社会，老旧小区改造中老年人问题形势严峻，养老设施不足，配套机制滞后，例如：一些小区缺乏老年人活动空间、健身设施，建设的养老食堂使用率却不足。对于残疾人等特殊人群的服务方面，一些老旧小区在改造过程中，未重点关注无障碍设施的设置，导致这部分的居民获得感普遍较低。

（5）政治参与度较低

在老旧小区改造过程中，居民政治参与度较低的原因有以下几个方面。首先，居民公共精神不足，对小区的政治事务关注度不够，认知度较差，更没有将政治事务当成生活的重要部分，同时对老旧小区改造项目不够熟悉和了解。其次，政治参与的一个重要影响因素是政治信息的传播程度。当前，多数政治信息发布渠道是互联网，然而在老旧小区中，居民年龄偏大，受教育程度不高，导致信息无法顺利传播。除此以外，公共交流活动开展的频率和公共空间的大小也在一定程度上影响了政治参与度的大小，多数人因为没有很好地参与渠道和参与途径，导致参与少，获得感偏低。

（6）违章建筑处理效率较低

老旧小区中私自搭建违章建筑多有发生，一方面，一些居民认为私自搭建建筑并不严重，不会给小区带来负面影响，并未认识到违章建筑搭建会带来各种安全隐患；另一方面，老旧小区的治理能力偏低，尽管进行了老旧小区改造的项目，但多数停留在基础设施的改造、建筑外观的改造，对于老旧小区的治理能力的改造却不足，治理能力不足导致违章建筑乱象屡禁不止，相关的宣传与知识普及也是不足的。

3.3.7 提升老旧小区改造中居民获得感的建议

3.3.7.1 提升老旧小区停车服务完善度

（1）明确停车服务改造政策

老旧小区改造过程中停车服务是非常重要的方面，随着经济的发展,民众生活水平的提高,越来越多的私家车出现,老旧小区的停车位设计不适应现代社会的要求,因此要在政策阶段,提出相应的关于停车服务方面的政策。首先,要由政府主导建立停车服务相关政策,明确改造规划中机动车与非机动车停车位数量,增加非机动车充电桩数量,同时配备一定数量的机动车充电场所,满足现代电动能源车的需求。

（2）健全停车服务维护管理服务

停车服务涉及小区物业、居委会和社区相关人员,在老旧小区改造完成后,针对停车服务,应建立相应的维护管理服务。例如:物业管理制定停车位定期清理维护工作,对侵占停车位的现象加以防范,同时非机动车充电桩要定期维护,与充电桩公司进行沟通协调,为居民提供更好的服务。建立相关部门与物业公司进行配合的工作机制,对于车辆乱停乱放等问题,不定期进行巡逻整改。

3.3.7.2 提升小区智能化程度

（1）鼓励小区智能化改造

在老旧小区改造过程中,涉及智能化改造工作较少,究其原因,改造措施依然比较落后,未能落实老旧小区智能化改造相关方面的内容。因此,对于提升智能化改造,应由各方统筹协调,鼓励老旧小区智能化改造。首先由政府下发相关智能化改造的文件,对小区内基础设施、公共服务设施及其他改造都应涉及智能化,使其更加匹配目前的城市和经济的发展。其次,培养老旧小区居民对智能化生活的认知,例如,请相关人员对相应的智能化改造设备进行使用讲解,在相应设备张贴显著使用标识,同时对小区内的老年人进行相应的培训学习,使其跟上时代的发展,更好地融入现代化智能化生活。最后,宣传和引导,对于智能化改造的内容和益处在小区内居民中积极宣传,体现为人民服务、为人民谋幸福的思想,它的本意是为改善居民的生活,与居民本人息息相关,因此,关于老旧小区改造项目应积极在居民中宣传,吸引更多居民了解智能化改造。

（2）明确老旧小区智能化改造内容

目前老旧小区智能化改造涉及层面较少,多数小区只涉及无接触快递柜,涉及其他方面的较少,因此可以在老旧小区智能化改造中增加其他项目,例如部分小区改造涉及智能化报警桩、无人售货商店、智能化充电桩等,这些智能化设备的应用极大地加强了居民生活的便捷性。同时,部分小区引入智能化人脸识别系统,在小区大门口、非机动车车棚门上,都用上了人脸识别系统,进出小区更加方便快捷,与监控系统配合使用,保证小区治安安全。除此以外,部分小区还启用智能垃圾房,有些小区已经安装了智能垃圾屋,只要刷卡,就可以用积分来兑换物品,并通过特殊的二维码,记录每一户家庭的垃圾分类是否正确。在非机动车棚内,加装了智能充电桩,具有自动关机的功能,可以避免电动车在长时间的充电和高温下发生危险,提高整体的安全性。

（3）建设小区智能化管理平台

智能化改造的一个重要方面就是智能化管理,建设智能化管理平台。首先建设综合道路管理系统,建立统一道路管理体系,通过整合协调所有道路的电子监控系统、人行控制系统、高清车牌识别系统等,再结合管路的智能技术,来确保小区平安。其次,建设智能综合服务系统,通过智能 App 系统,整合协调小区内的服务,解决住户困难。加强相关单位的交流,搭建信息化智能化系统,促进改造项目的顺利完成。

3.3.7.3 提升既有住宅电梯配备度

老旧小区改造是一个投资周期很长、投资额巨大的项目,对于老旧小区改造中的电梯配备度少的问题,最重要的原因之一就是资金来源问题。因此,政府需要增加财政支持,才能提高既有住宅电梯配备度。

（1）政府财政支持

根据相关资料统计,仅 2020 年中央政府在老旧小区改造项目就下发 303 亿元专项资金。对于老旧小区改造的专项资金应做到分账核算、财政预算等,确保专项资金用于老旧小区改造,保证项目及时开工和完成,同时建立资金监管政策机制,保证资金不被挪用等。同时,对于地方财政支持力度也应相应增加。南京市老旧小区改造项目多,涉及基础设施改造、文物保护等,所需要的资金相应增加,但目前资金来源渠道单一,除秦淮区有新城反哺老城的资金政策,其余多数项目为银行贷款。在地方财政支出上应建立明确的资金管理机制,扩大资金来源,确定政府投资的重要项目,做好投资引导作用,也可发行相关债券筹措老旧小区改造专项资金。除此以外,应争取老旧小区改造的资金落地,老旧小区改造资金的主管单位要定期进行实地走访调研,根据实际情况,及时向上级部门汇报情况,保证资金及时下发和针对性使用。

（2）鼓励社会力量参与投资

对于目前老旧小区改造的情况,仅靠政府财政的支持是不够的,需要社会力量加入资金投入。首先,要加强与私营企业的合作,例如通过"PPP 模式"进行融资,以便政府部门和私营企业进行合作投资,更有利于老旧小区改造工作的实施,形成政府主导、企业共建、居民获益的关系。同时,政府在其中还能起到监督的作用,企业通过前期投资,后期获益,提高了企业效益,使得企业拥有更多的投资渠道,让居民的生活质量得到提高的同时,也减轻政府的财政支出压力。其次,将税费减免的政策落实到位。对于在老旧小区改造过程中,涉及的适老化改造服务、公共服务等机构提供了相应的服务取得的收入,可以进行相应的减免增值税,或其他一些税费,例如契税等。除此以外,加大金融机构的服务力度。南京政府可以在不增加政府负债的前提下,以市场化的方式经营老旧小区的改造,并通过国家政策性银行来扶持老城区的建设,比如建设银行等。其他国有银行和地方性银行也加大对改造项目的扶持和支持力度,确保运营时风险可控,利润可持续,鼓励各个金融机构对改造项目提供贷款等资金支持。

（3）鼓励居民共同出资

居民是老旧小区改造项目的主体,也是改造项目的受益方,理应为老旧小区改造工作出资,因此政府部门应鼓励和支持居民为改造项目出资。主要有以下几点。

首先要制定合理的出资标准。根据南京市老旧小区改造的实地调研结果,对不同改造标准的老旧小区和收入水平不同的各个小区,制定合理化的有针对性的改造清单。对老旧小区改造所需要的资金项目,制定详细的收费标准;对弱势群体和特殊人群,也要根据其生活困难程度,对其进行相应的收费减免等措施,使收费更加灵活和合理。对于老旧小区加装电梯等特殊支出,也应由居民协商出资,根据楼层、使用情况等给予合理出资分配,对被占用场地的楼层住户,给予合理补偿。其次拓宽小区存量资源的增值空间,对于小区现存的资源,有增值部分可作为老旧小区改造工作的直接资金来源,例如对于长期在小区进行物业服务的公司,可以缴纳一部分小区改造项目费用。还可以通过协议出售小区内的相关服务,获得资金作为改造项目的资金,例如出售医疗、维修等服务项目;也可将小区内的广告位进行出租获取改造资金;小区内商铺是临街的,也可出售临街的商铺获取改造资金;利用小区内空余的资源,进行相应的出售以及其他方式来获得增值,利用这些获得的资金进行一些公共项目设施的改造。同时这些增值还是可持续的,随着老旧小区改造的进行,增值空间会更大,便于后期老旧小区的改造以及治理项目的实施。

3.3.7.4 提高特殊人群服务完善度

（1）建立特殊人群保障方案

老旧小区的一大问题就是特殊人群居住不方便、不便捷。例如对于老年人,目前的改造很少有真正面向老年人的适老化改造,老旧小区普遍缺乏电梯,缺乏一定的休闲娱乐场所,这些都显示老旧小区对于老年人及其他特殊人群居住十分不便,然而我国正在步入老龄化社会,未来老年人人口占比将会持续增加,因此对于适老化改造应建立相应的改造保障方案。首先,在老旧小区改造中,应建立健全特殊人群相关法律法规体系,对模糊的地方进行规范,提升老旧小区改造效率和水平。同时应完善政策法规,其很大程度影响了居民参与的程度与效果,其中应该包括信息公开制度、投票制度、决策制度、监督制度、奖励制度等。其次要保障特殊人群的利益,还要为老年人增设相应的活动设施和保障场所,例如老年人食堂、特殊人群保障服务处等,增加无障碍设施。除此以外,要美化小区环境,拓宽相应的活动空间使更多老年人和特殊人群愿意参与公共活动的交流。最后,要保证老年人及其他特殊人群的话语权,真正做到发挥自身的管理能力,参与到改造事务中来。

（2）增加特殊人群专门反馈渠道

在老旧小区改造过程中,涉及众多政府部门的工作,例如街道、财政、住建等,对于很多老年人与残疾人来说,无法厘清各部门相应的工作,很难反馈自身的问题。因此必须要明确政府主导作用,首先明晰各个部门的工作责任,政府应统一筹划和协调,政府部门要引导居民诉求反馈相关的工作,提高政府工作的服务意识。其次,要建立由政府主导、物业公司及相关部门配合的工作机制,针对适老化设施过少、盲道被占用等问题,不定期进行巡逻整改。设置特殊人群专门诉求反馈渠道,利用网络技术建立适合特殊人群使用的反馈平台,补充线下反馈渠道的单一性,加强反馈渠道宣传,让改造成果更好地惠及人民,惠及老年人和残疾人。

（3）建立绩效评价考核机制

在针对特殊人群服务工作,政府应根据相关工作结果,制定改造工作目标,建立绩效评价考核,根据考核结果,通过每周例会的形式给予相应的奖励和批评。促进基层政府提升特殊人群改造项目的积极性,让改造工作在提升效率的同时提升质量。重点改造老年人及其他特殊人群关心的问题,重点改造居民获得感普遍较低的方面,建立考核机制。

3.3.7.5 提高老旧小区改造居民政治参与度

根据调查可知,老旧小区居民政治参与度不够,参与水平一般,为了老旧小区改造更好地进行,需要提高居民在老旧小区改造中的参与度。

（1）加强改造政策的宣传力度

老旧小区改造是一件民生工程,体现着为人民服务、为人民谋幸福的思想,它的本意是为改善居民的生活,与居民本人息息相关,所以政府对于老旧小区改造工作应该主动地在市民中推广,吸纳更多的市民参与改造。但在现实生活中,不少市民没有意识到老旧小区改造和自己切身利益息息相关,对老旧小区改造的认同感并不强烈,因此应从几个方面进行宣传。首先,政府牵头,主导社区组织或第三方服务组织对目前的改造工作进行调查走访,将居民参与度作为重要的调查指标,了解居民参与度的高低以及造成参与度不高的原因及其影响因素。同时,对于居民不了解不理解的改造政策,工作人员应积极对其进行讲解普及政策情况,争取满足老旧小区改造中的居民的需求,让居民更了解政府的工作,同时理解老旧小区改造项目是一件有利于自己生活的工程。其次,通过线上线下的宣传,观看老旧小区改造的宣传片等方式,提高居民的改造意愿,切实提高老旧小区改造过程中的居民参与度。

（2）拓宽居民信息获得渠道

目前,老旧小区改造工作中的问题之一是居民获得信息有限,针对这一问题,应拓宽居民的信息获取渠道。首先,作为与居民直接接触的社区人员,应该通过线上线下结合的方式拓宽老旧小区改造的信息流通渠道,当前单一线下的信息流通渠道,使得社区人员无法全面传递给居民相关信息,同时居民也很难通过渠道将意见反馈给社区。因此,需要利用新型网络技术建立相应的信息流通渠道,例如建立相应的社区工作App或者微信公众号,通过这些渠道发布改造的政策和信息,让居民可以第一时间了解到老旧小区改造的进度和效果。与此同时,可以建立小区微信群等,经常发布小区改造信息,建立居民反馈渠道,制作相关动态台账,让居民的意见更高效地传递到社区。

（3）提升居民参与改造的深度

居民参与老旧小区改造工作的深度也是一项重要指标。对于居民来说,参与老旧小区改造的获得感与自身参与改造事宜息息相关,越是深入参与改造项目,获得感就会越高。然而,在当前的老旧小区改造过程中,居民参与改造项目总体数量不高,因此要从以下几个方面提高居民参与老旧小区改造工作的深度。

首先,提高居民的成就动因,即让居民更愿意通过参与老旧小区改造项目提高自身成就感。社区人员可以选出能力强的居民作为老旧小区改造工作的居民代表,这样可以增强居民的被认同感,提升自我的成就感。同时,应利用各个渠道公布消息,设置居民参与改造的奖项,为在老旧小区改造工作中做出贡献和服务的居民予以鼓励。其次,加强对居民的教育,对居民的能力提升和知识提升进行专业的教育指导。由于当前的改造涉及的专业知识比较多,不少居民因缺乏专业知识,相关的文化素养也不高,无法很好地参与老旧小区改造工作,限制了参与积极性,政府及社区相关人员应普及小区改造的基本知识。最后,社区可以派遣专业人员进小区,传授居民经验,进行相关的培训,工作人员要对居民有耐心,由于居民专业知识不足,会对相关工作产生排斥和恐惧的心理,耐心讲解在一定程度上可以缓解居民对参与老旧小区改造工作的恐惧感。

（4）提高居民参与改造工作的有效性

居民在参与老旧小区改造事务中存在对社区管理的不信任问题,由于在改造的过程中与社区和政府人员有较多交流机会,导致居民动机缺乏,不愿参与社会公共事务。因此,要提高居民参加改造工作的有效性,应该增加居民信任感和认同感,因为居民是老旧小区改造工作的参与和诉求主体。社会动机是居民参与社会事务的一个重要推动力。因此,要想提高居民的参与,必须重视培养居民对社区的认同与信任。其次简化参与流程,建立针对老旧小区改造的专门流程,将流程提前跟居民进行培训,使得参与更加简便,以提高居民参与度。除此之外,将老旧小区改造工作的信息公开化,以便提高居民对政府工作的了解熟悉程度,工作流程的透明和良好的信息沟通会增加三方之间信任程度。社区和政府工作人员要改善自身的工作态度,对自己的工作不推诿,积极解决相关问题。建立专门的服务小组,集中处理老旧小区改造的工作。建立相关监督渠道,利用现代化技术建立监督和投诉渠道,便于居民参与改造工作。

3.3.7.6 提高违章建筑处理效率

违章建筑是老旧小区改造过程中的一大难题,小区生活环境深受影响,居民之间矛盾不断,为了解决小区违章建筑屡禁不止的问题,需要从以下几点提高违章建筑处理效率,使得老旧小区改造工作更加科学合理。

（1）增强政府部门协同治理意识

提升违章建筑处理效率首先就是要增强协同治理的思想。协同治理首要引导方就是政府,政府部门一定要增加自身的协同治理机制。

为了让老旧小区改造工作顺利进行,应确保违章建筑在改造期间按时拆除,不影响老旧小区改造工作的顺利进行,应重视老旧小区治理工作,促进老旧小区改造工作与社区治理工作的有效结合,增强治理能力。第一,要强化对协同治理重要程度的认知。对于参与老旧小区改造工作的各方人员,应明确他们之间的关系是合作共赢的,是需要协同进行的。充分发挥政府自身在协同治理工作中的领导作用。在拆除违章建筑等改造项目过程中,涉及的各方利益主体和各个部门繁多,会导致利益博弈和沟通受阻等问题,政府部门应该明确自身的位置,平衡各方的权益,协调沟通,充分调动各个部门和主体积极参与到改造工作。第二,运用协同治理的理念引导其他主体参与改造工作。拆除违章建筑的改造项目涉及的各方、各部门和一些组织在老旧小区改造工作中参与度有待提高,首先,要增强各方的参与积极性以及认清协同治理的必要性,充分理解协同治理的深刻含义。其次,政府在政策和方案制定时,要综合考虑各方的特点和优势,协调各方力量参与到改造工作。第三,提升自身的治理能力和治理水平。要对整个老旧小区改造中的治理工作有着宏观把控和调控能力,有大局观,提升自身对于治理的思考能力,提高工作效率,确保违章建筑及时进行拆除。

（2）强化全过程的监督管理

全过程的监督管理有利于提升老旧小区改造工作的效率,同时可以提高质量。全过程的监督管理涉及违章建筑拆除施工、资金、居民参与以及后期不定期检查等方面的监督,主要从以下几个方面提高违章建筑改造项目的全过程监督管理。首先,要建立监督管理体系和监督管理制度。在南京市老旧小区改造工作中,居民的政治获得感较低,对老旧小区改造工作的认知度以及管理参与度都不高,对于小区工作人员的工作认可度不大,主要原因就是缺乏规范的监督管理制度。在项目实施过程中,设置相关专业人员,对项目施工进行检查,积极落实责任制和惩罚制度,及时制止不合理、不合法的行为,保证老旧小区改造工作在质量和安全方面都达标。其次,对于老旧小区改造过程中的资金管理,也应该建立监督机制,对资金引入和资金管理都要健全相关的制度政策,同时聘任第三方服务机构对改造资金用途和服务支出进行评价评估,对不合理、不合法的社会资本,及时终止合作,提高改造资金的安全性,确保居民和政府的利益不受损害。在居民参与方面也进行相应的监督管理,建立相应监管制度。在老旧小区改造工作中,出现违规违法操作的居民,也应立即实施行政惩罚措施,保证改造工作高效高质完成。最后,对于违章建筑的问题进行不定期检查,例如成立违章建筑检查专门小组,不定期在小区内检查,对正在搭建的违章建筑及时制止,避免拆除的违章建筑再次出现。

3.3.7.7 构建老旧小区改造协同治理机制

老旧小区改造工作中,治理工作是重中之重。由于在改造过程中,涉及居民的日常生活和改造项目的进行,所以理应构建老旧小区改造的协同治理机制,确保老旧小区改造更好进行,以及老旧小区改造以后管理治理机制更加科学。

（1）加强各部门主体之间的协同配合

老旧小区改造工作涉及多部门、多主体,是一个复杂的工程项目,需要各部门各主体之间的资源进行整合,因此,需要各个部门之间的协同合作。首先,加强各部门对老旧小区改造工作的认识,加强各部门合作,例如在前期对居民进行调查的部门,应由民政部门进行实地调研,对老旧小区改造的实施过程,涉及水电、燃气等各部门,都应利用民政调查结果,这样才会更好地实施改造工作。然而,在目前的工作中,经常会忽视协同配合,利用模式化的改造清单,忽略了实地调研结果或者在实施过程与其他部门沟通不顺畅,会导致改造工作抓不住重点,不能提高居民获得感、幸福感。因此,在改造过程中,应该强化各部门之间的协同合作,发挥各个部门的优势,制订最优的改造方案,保证改造工作顺利进行。其次,确保各部门资源进行整合,要进行多个部门的整合和协调,通过资源共享,将老旧小区改造工作进行相应的落实分配,同时需要牵头部门的统一领导。另一方面,协调其他改造工作的进行,安排专门部门去负责改造施工的进行。最后,要保证改造信息化和智能化,确保改造惠及居民真正关心的方面,在居民获得感较低的方面,进行相关的提升改进,切实提升居民对老旧小区改造的获得感,对公共服务方面的智能化改造、停车位完善和公共空间拓宽等进行相应的改造和提升,解决居民实际问题。强化各部门的沟通,建立信息化智慧化平台,推进改造工作的顺利进行。

（2）优化工作流程

首先搭建协同治理公共参与平台,优化老旧小区改造治理的工作流程,加强各主体的协同合作。多主体通过平台进行沟通协商,处理小区内公共事务,除此以外,还可以建立评价考核以及监督机制,建立科学合理的协同治理评价体系,强调小区的自治,对于老旧小区改造的工作进行评价,共同推进老旧小区改造项目更好实施。优化工作流程离不开完整的改造程序,应建立老旧小区改造工作的整体标准程序:首先,改造之前小区实地调研、听取居民的意见;其次,根据收集到的材料,进行整合梳理再制订相应的改造方案;再次,在改造过程中成立协同治理工作小组,对全过程进行协调配合。最后,在老旧小区改造完成后,要利用协同治理的思想做好小区日常管理工作及改造后设施维护工作。

3.3.7.8　建立居民自治组织

（1）提升归属感

居民是老旧小区改造的受益主体,因此改造工作的结果要居民认可,其中归属感是重要的方面,是建立居民自治组织的前提。居民归属感与小区内文化建设、居民的邻里关系等息息相关。南京市居民获得感调研结果显示,居民对文体设施建设方面获得感属于中等,还有待提高,并且在实地调研过程中发现,部分小区文体活动范围较小,改造未能提高相应的活动场地,还有一部分文体设施,针对老年人的活动太少,仅仅是桌椅,可应用的娱乐活动有限。因此,对文体设施建设方面,应重点建设文体活动中心,覆盖多年龄层相对应的活动场地,如针对老年人增加乒乓球桌、老年活动器材等;对于年轻人,应该增加时尚化、年轻化的体育场所,同时开展覆盖各个年龄层的娱乐活动,例如戏曲、流行歌曲、舞蹈、动漫等方面的活动。其次,南京市参加调研的小区内,居民普遍交流活动较少,邻里之间不太熟悉,因此,在后续改造中,要增加各类邻里活动,搭建居民沟通互动的平台,在沟通和交流中,不断加深彼此的认知和对小区的认同感和归属感。除此以外,也可利用社会舆论导向,加强归属感和情感联系的宣传,营造良好的社区氛围,为居民自治打好良好的基础。

（2）引导居民自治

居民自治对老旧小区改造工作有着积极的作用,可以更好推动改造工作的落实,切实提高居民的获得感。通过对南京市老旧小区改造项目的实地调研,部分社区工作者对老旧小区改造的工作认知不清,部分居民素质不高,对形成居民自治有着阻碍作用,究其原因,发现部分社区工作者对改造工作了解不足,无法真正引导改造工作中的居民自治,居民对居民自治了解不足,不主动去参与小区工作。因此,要成立相应的业主委员会,对居民自治权进行相应的解释和引导,同时要鼓励更多居民成立服务组织,为改造工作出谋划策,提高居民的话语权。其次,广泛宣传开展老旧小区长效管理工作的重要意义,发动小区全体业主积极参与小区改造。

（3）居民自治专业化

对于老旧小区改造工作中的居民自治,要加强小区自治能力的建设,政府必须参与其中,鼓励居民自治,将老旧小区改造居民自治率作为一个指标,推进自治率的提高。对于改造过程中出现的问题,可以让居民利用自治组织进行协商治理,加强自治组织的运行,同时保证自治组织的信息公开和透明。

3.4　本章小结

　　本章通过阅读整理大量文献,总结老旧小区改造特征及人居环境科学等相关理论,利用 Nvivo12、yaahp10.3、Excel 和 MATLAB2020b 等工具,结合南京市老旧小区改造的现状,构建城市更新中老旧小区改造居民获得感评价模型,并根据南京市老旧小区改造的居民获得感评价结果,提出相应的提高居民获得感的行之有效的对策和建议。主要的研究结论如下。

　　(1)通过文献研究,对本章研究对象"获得感"进行定义,即人民在改革发展的过程中,对自身物质获得及精神获得的主观感受和满意程度,其主要包含经济、政治、社会工作、生态环境、公共服务等各方面得到的满足感。结合老旧小区改造的基础研究内容,将老旧小区改造居民获得感指标分为经济获得感、安全管理获得感、公共服务获得感、生态环境获得感、社会保障获得感和政治获得感。

　　(2)通过结合调研和理论分析,建立老旧小区改造居民获得感评价指标体系,对三级指标进行具体划分,其中经济获得感包含建筑外观提升、商业服务完善度和小区智能化改造程度;安全管理获得感包含交通安全、治安安全和消防设施安全;公共服务获得感包含文体设施服务、道路交通服务、停车位完善度、照明设施服务、公共活动空间拓宽度和地下综合管网设施完善度;生态环境获得感包含绿化及景观环境质量、楼道及道路清洁程度和建筑节能完善度;社会保障获得感包含既有住宅增设电梯配备度、提供特殊人群服务和管理规章制度健全度;政治获得感包含小区开展政治交流活动频率、政治参与度、居民诉求渠道丰富度、违章建筑处理效率和政务公开。同时,对评价指标体系中各个指标进行相应的解释说明。

　　(3)通过物元可拓模型和综合赋权的分析计算,评价等级计算结果为 0.1610,因此得出南京城市更新中老旧小区改造获得感评价等级为三级,属于获得感一般,对获得感较低的三级指标进行原因分析,需提出相应的对策建议以提高居民获得感。

（4）通过对评价结果及成因分析,本章针对南京市老旧小区居民获得感提升提出了八个方面的意见：①提升停车服务完善度,有明确的停车服务改造政策、健全政策法规制度以及建立绩效考核机制。②提升小区智能化改造程度,有鼓励小区智能化改造、明确老旧小区智能化改造内容及建设小区智能化管理平台等建议。③提升既有住宅电梯配备度,有政府财政支持、鼓励社会力量参与投资及鼓励居民共同出资等对策。④提高特殊人群服务完善度,有建立特殊人群保障方案,增加特殊人群专门反馈渠道及建立绩效评价考核机制等建议。⑤提高老旧小区改造公民参与度,有加强改造政策的宣传力度,丰富居民信息获得渠道,提升居民参与改造的深度以及提升居民参与有效性等建议。⑥提高违章建筑处理效率,有增强政府部门协同治理意识和强化全过程的监督管理等建议。⑦构建老旧小区改造协同治理机制,有加强各部门主体之间的协同配合和优化工作流程等建议。⑧建立居民自治组织,增强居民归属感、引导居民自治和提升自治专业化。

第4章　社会资本参与城市更新的影响因素与政府激励策略研究

4.1　社会资本参与城市更新的主要模式

4.1.1 社会资本独立承担项目

在 20 世纪 80 年代末至 21 世纪初期,我国部分城市更新项目通过毛地出让的方式引入市场,允许社会资本独立承担城市更新项目,属于市场主体主导的城市更新模式。在该模式下,政府在完成土地前期规划计划后,提前将毛地直接出让给市场主体,企业则按照政府规划要求进行土地的拆迁、安置、补偿和开发建设实施工作,并在开发建设过程中利用金融市场,特别是资本市场进行融资。这种商业性的建设行为已经属于完全市场化的运作模式,主要出现在我国早期的深圳市和广州市的拆除重建式城市更新中,也属于完全盈利性质的城市更新。这种完全交由社会资本承担的建设模式通过将资金、人力投入等压力转移给社会资本,避免了与原土地权利主体的直接博弈,能够很大程度减轻政府压力,并激发市场动力。同时,根据政府的鼓励政策,社会资本可以较低的成本直接获取土地资源,将更积极地参与此类城市更新。

然而,由于配套政策机制不完善,该模式仍然存在诸多问题。由于社会资本没有参与政府的前期用地规划,在实际建设过程中可能出现与规划要点不一致的现象。此外,由于拆迁谈判往往耗时较长,具有很大不确定性,而在此之前社会资本已经支付了土地出让金,从而承担了很大的先期资金投入和时间、利息成本,因此为了减少风险和推进项目进度,往往出现压低补偿成本,甚至未与原权利主体协商一致就强行拆迁的情况。而对原权利主体而言,由于土地在居民收到拆迁安置补偿前就已经被出让给社会资本,因而其权利难以受到制度保障,在与企业博弈的过程中不占据优势,易引发社会矛盾。

4.1.2 政府与社会资本合作

随着城市发展进程不断加快,改造城市中心区域的旧厂房、老旧小区的重要性日益凸显。由于城市更新往往是花费巨大、周期较长的系统性建设工程,尤其是资金需求量大、技术要求高的大型项目,仅凭政府财政力量难以承担和推进。因此,改革开放以来,政府开始探索在城市更新中也引入市场的力量,借助私人部门的力量协助共同完成城市更新工作。针对由社会资本主导的完全市场化城市更新模式的问题和争议,政府开始探索由政府主导、社会资本协助的城市更新 PPP 模式。

公私合作模式(PPP, Public Private Partner-ship,下文称为 PPP)在我国城市公共事业建设中一直屡见不鲜,现在越来越重视社会环境和经济环境,但制度环境一度存在缺位。2017 年,国家发改委发布《关于鼓励民间资本参与政府和社会资本合作(PPP)项目的指导意见》,2018年国务院办公厅对基础设施的加强问题也发布了重要的引导建议文件。中央政府肯定 PPP 模式是推动中国城市公共事业发展、支持新型城镇化建设、改进政府公共服务和实现国家治理现代化的重要手段。

在 PPP 模式中,政府与私营企业合作,共同投资、规划、设计和实施城市更新项目,私营企业提供资金、技术和管理经验,政府提供政策支持和监管。例如,我国深圳政府根据市场机制,提出了市场化城市更新概念,一方面委托社会企业参与协助城市更新工作,按照市场规则进行城市更新工作;另一方面,利用城市地租差和区位差形成的经济效益来平衡城市更新资金。这样在解决城市政府资金短缺问题的同时,又使得企业能够利用市场经济规律提高城市经济效益和社会效益。

我国城市更新中的 PPP 模式主要包括 ROT 模式(Renovate-Operate-Transfer,重整—经营—移交)、BOT 模式(Build-Operate-Transfer,建设—经营—移交)、TOT+BOT 模式(Transfer-Operate-Transfer,移交—运营—移交)等。最常见的方式是政府委托大型城建公司进行城市更新,在财务不足和项目具有一定微盈利性质的情况下,政府会倾向于采取市场运作模式,通过可以控制更新目标的招标方式选择资金实力雄厚,兼具开发、建设、运营和销售等综合能力的公司,支持其参与城市更新建设,实施的企业将在政府主导、自负盈亏的情况下进行城市更新建设。另一种是由政府和社会资本合作成立公司,或地方国企作为城市更新项目的业主方,通过招标确定合作方,通过股权或债权等方式引入合作资本,按照约定股权比例成立项目公司,进行拆迁安置补偿、开发建设与盈利分成。

4.1.3 社会资本投资

社会资本投资模式,即社会资本不直接参与城市更新项目建设,而是作为投资方提供资金支持,参与城市更新项目的投资、规划和设计,或通过提供创新科技、社会性服务等内容,推动城市更新的创新和升级,提高城市更新的质量和效益,并从中获得经济回报和提升社会影响力。城市更新项目的投资建设运营服务主体可以是由地方政府授权的地方国企,或以地方国企为主体,通过银行信贷或资本市场融资完成城市更新项目的投资建设。地方国企投资模式下,城市更新项目的收入可能来源于项目收益、使用者付费、专项资金补贴等方面。

4.2　社会资本参与城市更新的影响因素识别

4.2.1 影响因素识别基础

通过查阅关于研究方法论的相关著作及研究,在进行影响因素的识别过程中,可以选取问卷调查法、网上数据查阅法、专家访谈法、文献查阅法对影响因素进行初步筛选。由于城市更新项目不同于传统的城市公共事业建设项目,政府引入社会资本参与建设的机制流程、配套措施都具有一定特殊性,因此需要以国家和地方出台的城市更新相关政策文件为依据,并参考相关学者对该领域的研究文献。同时,通过网上数据查阅法扩大能够收集和查阅的参考文献,从而有针对性地识别社会资本参与城市更新的影响因素。本研究主要选取政策文本研究与文献研究法进行影响因素识别。

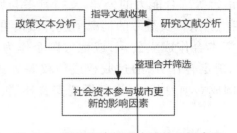

图 4-1　影响因素识别方法关系概念图

4.2.2 基于政策文本分析的影响因素识别

国家"十四五"规划纲要明确提出要加快推进城市更新,各地政府陆续出台城市更新政策,推进地区城市更新进程。近年来,我国中央和地方出台了很多城市更新相关政策,这些政策往往都与城市更新模式、运作机制、更新流程有关,其中基本都包含了鼓励社会资本参与城市更新的相关内容,对其进行归纳总结可以初步把握我国城市更新中关于社会资本参与的政策措施的重点方向和主要内容,因此政策文本是识别社会资本参与城市更新影响因素的重要来源。

通过大量阅读城市更新相关政策文本,识别出以下社会资本参与城市更新的政策相关影响因素及社会环境影响因素,政策相关影响因素主要包括土地政策、金融政策、税费政策、建设政策、规划政策、营商环境政策、历史建筑保护政策和社会环境政策,如表 4-1 所示。

表 4-1　政策文本中的影响因素识别清单

政策类型	影响因素
土地政策	用地性质功能允许灵活转变
	土地性质转变补助资金
金融政策	多元化资金保障机制
	鼓励金融机构创新金融产品
税费政策	行政事业性收费和政府性基金相关减免
建设政策	优化城市更新项目审批流程
	公开市场主体准入门槛和选定市场主体方式
	城市更新项目全流程监管
	建立守信承诺和失信行为公告机制

续　表

政策类型	影响因素
营商环境政策	新建面积特许经营权
规划政策	容积率奖励
	灵活划定用地边界
	简化控详调整程序
历史建筑保护政策	历史风貌区和历史建筑保护基金
社会环境政策	城市更新宣传力度
	社会支持氛围

4.2.3 基于文献研究梳理的影响因素识别

4.2.3.1 文献选择的原则

虽然国外对城市更新的研究已经逐步形成了几种研究范式并取得了一些成果,但考虑到相关理论或实践研究容易受到其所处的经济社会环境的影响,脱离我国城市更新实践情况的研究难以达到预期效果,因此,在进行文献梳理影响因素识别时主要在 CNKI 平台上进行文献检索。检索发现,有关社会资本参与城市更新的研究论文并不多,大量研究城市更新的论文主要集中在城市更新发展模式、规划设计、机制研究等宏观层面,对具体的社会资本参与城市更新影响因素与激励策略鲜有研究。

因此,本章在选择研究文献时主要注意以下几个方面:一是选取以国内城市更新为研究对象的文献;二是文献研究的范围限制在综合性整治的狭义城市更新范围内,如老旧小区改造提升、历史文化街区修缮更新等,不包括传统的大拆大建的旧城改造模式;三是不仅仅针对某一特定类型的城市更新进行研究,以保证获取的影响因素具有普遍适应性。

4.2.3.2 影响因素文献分析

基于以上观点,分别将以"社会资本""城市更新""影响因素""激励"

作为关键词及主题内容进行检索,共检索202篇相关论文,文献搜索结果较少。考虑到社会资本参与城市更新一定程度上属于市场化运作的城市更新模式,因此在检索时添加了"市场化"主题词。

首先对文献题目进行初步筛选,如在要识别的影响因素中将不包含社会资本、企业等内容的文献予以剔除。其次,在题目识别的基础上对文献摘要与大纲进行泛读,筛选与本研究不相关的内容。例如,虽然研究对象涉及城市更新与社会资本,但主要研究内容为城市空间设计、居民更新意愿调查等,对与本研究基本不相关的内容进行剔除。最后,对上述筛选过后的剩余文献进行精读,提取作者观点中与社会资本参与城市更新的影响因素有关的内容进行整理、归纳和提炼,并将影响因素整理如表4-2所示。

表4-2　社会资本参与城市更新的影响因素文献分析

文献来源	影响因素内容
公私合作伙伴关系在我国城市更新领域的应用——基于上海新天地项目的分析	规划政策细化、建设政策简化
	税收减免相关政策、利息补贴加强
	土地供应政策差别化
社会企业如何推进老旧小区改造合作生产?——以北京劲松北社区老旧小区改造为例	企业利润及利益分配
	政企关系信任
	配套法律法规、专业人才、政府参管的科学性
	以人为本的城市发展策略
PPP模式在城市更新中的应用研究	政府公信力、统筹安排机构
	公司部门关系对立
	项目高风险性
	资金和投标要求、公开透明的运作流程
社会资本参与上海老旧小区综合改造研究	空间产权结构、空间管控政策
	土地出让成本
构建存量土地开发的市场化机制:理论路径与深圳实践	土地发展权不明确
	明确政府与企业管理边界、利益分配
民营企业参与城市公用事业PPP项目的影响因素研究	政策限制房地产开发
	项目开发周期长、更新范围大、不确定性高、拆迁重建和综合整治阻力、项目用地比例
	企业统筹协调能力、项目获取能力、项目融资困难
	探索更新商业模式模板、合作降低开发风险

续　表

文献来源	影响因素内容
引进社会资本参与苏州市城市微更新的策略研究	项目经营和收益性不明显、政府资金支持不明确
	规划管控严格、供地方式单一
	地方财税激励细则、金融配套政策细化、合法产权获得
	协调机制缺失
空间生产视角下的沙井古墟有机更新机制探索——基于"权力—资本—社会"辩证分析框架	政府工作专班设立
	包含规划土地、金融财税、经营管理等的政策体系建立
	公开遴选市场主体与合作运营商的路径机制、全周期管理机制、企业权益保障、项目各方协调机制、产权格局复杂、利益协调困难、预算支持有限、土地市场遇冷、政府性基金收益能力下降
	可复制的更新盈利模式
	居民出资意愿
	用地功能规则、出让金缴纳成本
城市更新政策工具挖掘与量化评价研究——以京津冀为例	居民意愿协调
	增建面积处理
	政府审批管控过严
积极引入社会资本参与上海旧区改造	不可控性强、开发周期长、现金流压力大、资金平衡困难
	社会资本准入门槛不清晰、政策倾斜国企
	政策系统性弱、社会资本不了解优惠政策
	新增面积权属认定、规划管控僵化、盈利空间不足
	供地优惠难落地、优惠细则缺失，专项补贴获取条件不清晰
	多元化融资渠道、资本退出机制
	部门和居民协调
对社会资本参与城市更新项目的思考	针对旧厂房改造、城市生态修补等有机更新政策缺少连续性、融合度、矛盾性(新老政策矛盾、规划指标与现状矛盾、权属和利益矛盾)
	统筹主体缺失
	更新后运营困难、资金平衡困难、外部融资困难
PPP 项目政府激励与社会资本努力的演化博弈与仿真	动态弹性事后奖励

文献来源	影响因素内容
重建"社会资本"推动城市更新——联滘地区"三旧"改造中协商型发展联盟的构建	政府利益化,政府的干预程度,政府市场机制认知、干预制度
	利益相关者诉求通道
	社会经济环境
PPP 项目政府激励与社会资本努力的演化博弈与仿真	项目自身因素、政府重视度、企业能力
我国 PPP 实践中民营企业参与度及其影响因素研究——基于731 个县域样本的实证分析	政府观念、政策法规、承诺缺失
	政企关系、公平竞争、风险分配、运营效率
	投资回报率、技术经验、风险评估、机会识别
城市更新中的市场主导与政府调控——深圳市城市更新"十三五"规划编制的新思路	市场化的短期效率与城市更新综合目标的矛盾
居民垃圾分类参与意愿及其影响因素对比研究	针对盈利性不强的项目的政策缺失
Private Provision of Infrastructure in Emerging Markets：Do Institutions Matter？	完善的经济制度
Making Place in the Nonplace Urban Realm：Notes on the Revitalization of Downtown Atalanta	政治、社会和经济因素
Towards a sustainable city：Applying urban renewal incentives according to the social and urban characteristics of the area	差异化的激励措施
Urban renewal governance and manipulationof plot ratios：A comparison between Taipei, Hong Kong and, Singapore	规划管控灵活性

　　通过阅读文献可以发现,社会资本参与城市更新的意愿不仅仅受政策制度影响,政府对城市更新项目的监管、对城市更新相关政策的宣传等政府行为也会影响社会资本参与城市更新的意愿。此外,城市更新项目本质上依然属于城市公共事业建设项目,社会资本作为私人部分依然不可避免地会考虑项目本身因素,评估项目是否风险较高、是否值得企业投入建设或进行投资。因此,通过对表 4-2 中提到的影响因素进

行归纳、总结和整理,并结合前两节对社会资本参与城市更新的现状分析,根据政策、政府、企业、项目和社会五个层面进行细分,得到基于文献分析的社会资本参与城市更新的影响因素清单,如表 4-3 所示:

表 4-3　基于文献梳理的影响因素清单

序号	维度	影响因素
1	政策层面	土地出让金缴纳成本
2		供地方式
3		拆迁补偿费用
4		融资渠道
5		较低利息的专项贷款
6		优惠担保费率
7		质押收益权申请贷款
8		提供长期贷款
9		利息补贴
10		空间规划管控(容积率指标)
11		用地功能规划
12		税收减免
13		历史建筑保护基金
14		简化审批流程
15		建设技术标准
16		旧厂房、生态修补、历史文化街区保护等针对性政策
17		合法产权获得
18		新建面积权属划分
19		政策宣传解读
20	政府层面	政府对项目进展过程的干预
21		政府与企业的管理边界清晰
22		建立城市更新局等专项统筹部门
23		政府对企业权益保障
24		政府履约精神
25		对企业能力评估机制
26		资金和投标要求
27		公开遴选市场主体与合作运营商的路径机制
28		政府财政水平

序号	维度	影响因素
29	项目层面	项目建设周期
30		项目区位环境
31		项目后期产业的导入与运营
32		项目用地比例
33		项目现金流
34		建设成本、项目盈利
35		项目变更风险
36		劳资风险
37		拆迁冲突
38	企业层面	企业竞争
39		全周期管理机制
40		企业与参与各方的统筹协调
41		企业技术水平
42		企业财务状况
43		企业融资能力
44		风险识别与把控能力
45		企业社会责任感
46		企业形象声誉
47		政企关系
48	社会层面	居民协作程度
49		城市形象

4.2.4 基于政企协同框架的影响因素整合

社会资本参与城市更新影响因素的体系化整合是确保城市更新策略完备性和整体性的重要保障。本研究结合城市更新参与主体的分布情况，从政府及企业协同合作的视角综合凝练影响因素组成，强化影响因素的内在关联性和作用针对性，主要从政企协同合作的政策制度、政府行为、项目情况和企业能力四个层面进行整合梳理，合并重复因素，删除部分在文献和政策文本中提及较少的因素，得到最终影响因素识别结果,如表 4-4 所示。

表 4-4　社会资本参与城市更新的影响因素

序号	维度	影响因素	解释说明
1	政策制度	允许用地性质功能转变	在保障公共利益和安全的前提下,可按程序调整用地性质和用途
2		金融机构信贷支持	组织协调金融机构加大对各类更新改造工作的金融支持力度
3		利息补贴	财政补贴等事先公开的收益约定规则
4		容积率指标调控	因需难以实现经济平衡的,在符合政策要求前提下允许进行容积率转移或奖励
5		灵活划定用地边界	结合实际情况,灵活划定用地边界
6		税收减免	对满足一定条件的项目依法享受税收优惠政策
7		审批流程简化	结合审批制度改革,精简城市更新项目工程审批事项和环节
8		不同类型项目的针对性政策	针对旧厂房改造、城市生态修补等不同类型更新政策
9		明晰产权划分	更新前土地和房屋产权归属,及新增建筑面积等产权归属
10	政府行为	政策宣传解读	政府对出台政策,特别是相关优惠政策,借助新闻平台等手段进行宣传解读
11		政府与企业的管理边界清晰	划分清晰项目中政府与企业的责任内容
12		建立专项统筹部门	确定城市更新工作由某部门或单位统筹
13		政府履约精神	体现政府公信力
14		公开遴选社会资本的机制	明确选择企业的资质要求并公开透明流程
15		政府财政水平	体现政府支付能力
16	项目情况	项目建设周期	项目建设周期
17		项目后期产业的导入与运营	部分项目需要通过后续运营以平衡收支
18		项目相对成本	项目建设成本相对于项目总投入的程度
19		项目投资回报	企业参与城市更新项目能获得的回报
20		项目变更风险	项目全过程中可能面临风险

激活城市活力——中国式现代化背景下城市更新与市地整理研究

序号	维度	影响因素	解释说明
21		居民协作程度	居民在项目中若不配合拆迁等工作,可能会阻碍项目进程
22		企业技术水平	企业建设技术,如历史建筑保护等
23		企业财务状况	企业本身资金雄厚,有利于承担风险变化
24	企业能力	企业融资能力	企业能够得到信贷融资,保障项目资金充足
25		风险识别与把控能力	企业对项目建设或运营过程中可能出现的风险具有提前识别与有效防范的能力
26		企业社会责任感	企业认为参与城市更新项目、造福社会是一种责任和态度
27		政企关系	政府与企业相互信任,利于促成合作

其中,政策制度层面指政府制定的城市更新相关支撑政策和制度流程,包括土地政策、规划政策、金融政策和税费政策等政策制度,以及项目审批流程、产权划分制度等内容。为了使影响因素指标层级统一,在政策制度层面下不再划分政策层级和制度层级,直接罗列相应影响因素。政府行为层面的影响因素主要指政府在进行城市更新建设及政企合作管理时所采取的对社会资本参与城市更新具有影响作用的行为。项目情况层面的影响因素体现了社会资本作为私人部门在参与城市更新项目时最关注的内容,包括项目的收益、风险情况等。而企业能力是决定社会资本能否参与城市更新的最基本因素,当企业具有足够的技术水平、财务状况、融资能力和风控能力等资质水平时才能够决定是否参与城市更新。

4.3　系统动力学适用性分析

从系统动力学定义角度看,系统动力学是一门研究处理社会、经济和环境等高度非线性、高层次,具有多重反馈和多变量的系统问题的学科,能够在宏观和微观层面对大规模系统进行综合研究。社会资本参与城市更新建设问题是城市发展问题,属于社会经济问题范畴,符合系统动力学的研究对象,且社会资本参与城市更新问题涵盖多个利益相关主体,属于多重反馈系统,其影响因素对社会资本参与意愿的作用无法用线性方程直接计算,具有多层次性与非线性特征,符合系统动力学对时变性数据的处理分析功能与大规模系统问题的研究特性。

　　从系统动力学的特点看,系统动力学是一种以定性分析为先导,以定量分析为支撑,两者相辅相成逐步深化解决问题的方法论,是系统思考与分析、综合与推理的研究方法。前文中已经对社会资本参与城市更新的影响因素进行了定性分析,在本章中则需要辅以定量分析,以更加系统深刻地分析各影响因素对社会资本参与意愿的作用效果。

　　系统动力学具有动态性与反馈性,即能够将时间作为坐标表示,且系统中存在变量反馈回路,而社会资本参与城市更新的影响因素会随着时间变化,如政府财政水平、针对性政策完善程度等,且社会资本参与意愿与政府管理程度、政策制度水平之间存在反馈回路关联,因此社会资本参与城市更新问题满足这种动态关系。

　　系统动力学理论研究和解决问题的独特之处在于,可以根据有关变量的数据建立符合实际且规范的数学逻辑表达式。模型辅助方程中即使有半定性、半定量、定性描述的部分,但变量仍按照系统基本结构的组成进行分类,可以较清晰地建立政策实验的假设。

　　目前已有大量文献研究将系统动力学运用于影响因素的综合分析中,本章将基于前人研究基础,构建系统动力学模型并建立系统动力学方程。

　　系统动力学通过功能模拟过程来分析系统运行机制与效果,获得系统未来发展信息,进而寻求解决问题的路径。社会资本参与城市更新的影响因素具有复杂性和长期性,系统动力学可以有效分析政府行为和政策制度对社会资本的指引作用,并形成模型曲线,预测未来发展变化趋势,为制定激励政策提供方案。

　　此外,社会资本参与城市更新的意愿是一种抽象变量,其中的各个影响因素也大多难以用可搜集到的具体数据表示,因此可以利用系统动力学进行模拟仿真,在不追求数据精确度的情况下,仍可以有效预测系统行为模式。

　　综上所述,借助系统动力学研究社会资本参与城市更新的影响因素具有可行性。将系统动力学应用于社会资本参与城市更新的影响因素研究,可以通过政府行为和政策制度的各个因素建立系统动力学方程,利用系统反馈机制观察影响因素赋值后社会资本参与意愿的变化趋势,并通过软件模拟控制不同变量进行情景分析,直观展示其意愿对不同措施的响应变化程度并进行有效分析。

4.4 社会资本参与城市更新的系统动力学模型构建

建立适用的系统动力学模型是研究社会资本参与城市更新影响因素与政府激励策略的重要环节,具体步骤如下:

(1)界定系统变量与系统边界:引入社会资本参与城市更新的影响因素,并确定各因素如何影响社会资本参与城市更新的意愿。

(2)建立因果关系图和系统流图:绘制社会资本参与城市更新影响因素的因果关系图,并据此建立系统流图。

(3)建立关系方程:对系统模型中的变量和方程式进行量化分析,并对参数逐一进行赋值标定。

(4)系统动力学模型仿真运行:通过仿真软件 VensimPLE 对系统动力学模型进行仿真运行,并根据结果提出建议措施。

系统动力学研究框架如图4-2所示。

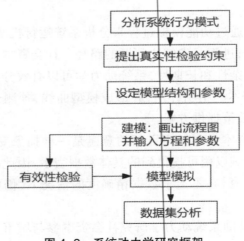

图4-2 系统动力学研究框架

4.4.1 系统的边界、目标与假设

4.4.1.1 系统定义与边界

社会资本参与城市更新的影响因素系统是指各个维度的影响因素对社会资本参与城市更新的意愿的作用效果,主要包括政府行为、政策制度、项目情况和企业能力四个维度。

系统动力学模型的边界实际上是一个设想轮廓,把所研究问题有关的部分划分进系统,与其他系统环境隔离开,通常将从较大范围中提取出来的对象作为一个简单的封闭体系进行研究。本章将影响社会资本参与城市更新的影响因素作为系统的界限,以识别出的主要影响因素作为模型中的关键变量。

4.4.1.2 系统目标

本研究主要以社会资本参与城市更新的意愿为研究目标建立系统动力学模型,旨在分析社会资本的参与意愿随影响因素系统变化的情况,并通过分析影响因素的作用效果找到政府视角下增加社会资本参与城市更新的意愿的方法和途径。具体来说,社会资本参与城市更新的影响因素系统有以下目的:

(1)对社会资本参与城市更新意愿的影响因素进行定性分析,梳理系统内各影响因素的相互关系,分析模型内部因果关系。

(2)根据因果关系构建社会资本参与城市更新的意愿发展趋势模型,并通过改变模型中的变量数值,观察系统运行变化情况,并对政府行为、政策制度等相关变量进行定量分析,最后根据仿真结果提出相对应的政府视角下的激励建议。

4.4.1.3 系统假设

为保证社会资本参与城市更新的影响因素研究的可行性,需要对系统进行部分条件假设,以建立该系统动态作用机制研究的特定环境,辅助构建系统动力学模型。

假设1：社会资本参与城市更新的影响因素系统是一个连续的过程，各因素对社会资本参与意愿的影响具有及时性。

假设2：只有系统边界内的政策制度、政府行为、项目情况以及企业能力四个层面的因素对社会资本参与城市更新的意愿产生影响，其他因素对其影响非常微弱，可以忽略不计。

假设3：仿真时长内，政府财政水平会随时间变化逐年上升，且发展趋势和历年政府财政水平保持一致。

假设4：随着时间变化，政府会逐渐完善不同类型城市的更新办法和处理明细条例。

假设5：随着政府通过媒体宣传等形式对城市更新政策进行解读，营造社会氛围，社会群众会提高对城市更新的认知水平，从而一定程度上提高对城市更新活动的理解与配合程度。

假设6：项目建设的周期增长，项目的变更风险会相应增加，但如果项目涉及的原产权人等相关利益者对项目建设的配合程度越高，发生项目的变更风险也会随之降低。

4.4.2 系统的影响关联路径与结构分析

根据上文分析，社会资本参与城市更新的影响因素主要来自政府行为、政策制度、项目情况和企业能力四个方面，因此构建社会资本参与城市更新的影响因素系统因果关系，如图4-3所示。

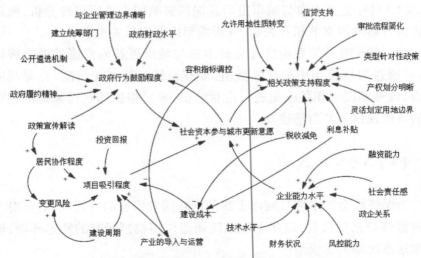

图4-3 社会资本参与城市更新的影响因素系统因果关系图

在社会资本参与城市更新的影响因素系统中,社会资本参与城市更新的意愿主要受到政府行为鼓励程度、相关政策支持程度、项目吸引程度以及企业能力水平四个主要维度的影响,这四个主要维度又各自受其他因素影响。系统中存在两个主要回路。

（1）政府行为鼓励程度↑—社会资本参与城市更新意愿↑—政府行为鼓励程度↓

（2）政策制度支持程度↑—社会资本参与城市更新意愿↑—政策制度支持程度↓

随着政策制度支持程度的提高,社会资本参与城市更新的意愿会相应增强,但一旦社会资本意愿达到一定水平,政府无需再对社会资本进行激励,会在一定程度上放松对社会资本的政策支持,政府行为鼓励程度也是如此。

在政府行为、政策制度和企业能力层面,所有影响因素变量的提高对政府行为鼓励程度、相关政策支持程度和企业能力水平都分别具有正向作用,会随着变量值的提高而增大。在项目情况层面,居民协作程度、项目投资回报和产业导入运营对项目吸引程度具有正向作用,而项目变更风险、项目周期和建设成本则具有反向作用,项目变更风险越大,项目周期越长,建设成本越高,该项目对社会资本的吸引程度就越低。

此外,随着政府加大对城市更新相关政策制度的宣传解读力度,居民会在一定程度上提高对城市更新建设的配合协作程度;项目变更风险会分别受到居民协作程度的负向影响和建设周期的正向影响。政策制度中的部分影响因素也会对项目情况产生直接影响,如加强税收减免和财政补贴会在一定程度上降低社会资本参与城市更新项目所需要投入的成本;容积率指标的放宽,如容积率奖励和容积率转移等可以增加一定的建筑面积,进而为项目后续产业的导入与运营提供有利条件。

4.4.3 系统流图建立

根据上文建立的社会资本参与城市更新的影响因素因果关系图,建立起该系统的流图,如图 4-4 所示。

需要注意的是,在政策制度、政府行为、项目情况和企业能力这四类主要影响因素中,企业能力虽然对其参与城市更新项目的意愿也起到了较大的影响作用,但由于企业能力水平很难受到政府行为控制和城市更新相关政策制度的影响,站在政府的视角上来说,几乎无法从提高企业能力角度给出政府激励社会资本参与城市更新的策略。此外,各个企业能力水平不同,难以对其中影响因素变量取值。因此,在建立系统动力学模型的流图中,主要关注政策制度、政府行为和项目情况三类主要影响因素对社会资本参与城市更新意愿的影响以及变化过程与方式,对企业能力不多做讨论。

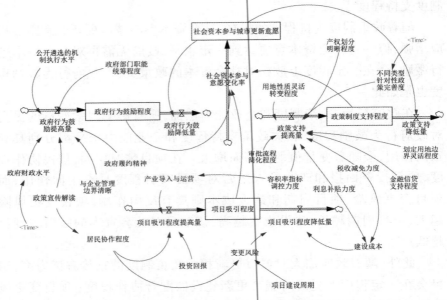

图 4-4　社会资本参与城市更新的影响因素系统流图

4.4.4 系统动力学方程构建

本研究中,社会资本参与城市更新意愿影响因素的系统动力学模型包括 4 个状态变量、7 个速率变量、2 个辅助变量和 11 个常量。

根据系统动力学基本原理和参数方程模型,对社会资本参与城市更新影响因素系统中的变量计算公式定义如表 4-5 所示。

表 4-5　系统变量方程定义

变量性质	变量名称	方程表达式
状态变量	社会资本参与城市更新意愿	INTEG（社会资本参与意愿变化速率，1）
	政府行为鼓励程度	INTEG（政府行为支持程度提高量政府行为支持程度降低量，1）
	政策制度支持程度	INTEG（政策制度支持程度提高量政策制度支持程度降低量，1）
	项目吸引程度	INTEG（项目吸引程度提高量项目吸引程度降低量，1）
速率变量	社会资本参与意愿变化量	政府统筹管理程度 × 权重系数 + 相关政策支持程度 × 权重系数 + 项目吸引程度 × 权重系数
	政府行为鼓励程度提高量	政府财政水平 × 权重系数 + 统筹部门建立 × 权重系数 + 公开遴选机制 × 权重系数 + 政府履约精神 × 权重系数 + 与企业管理边界清晰 × 权重系数 + 政策宣传解读 × 权重系数
	政府行为鼓励程度降低量	社会资本参与城市更新意愿 * 权重系数
	政策制度支持程度提高量	审批流程简化 × 权重系数 + 用地性质灵活转变 × 权重系数 + 产权划分明晰 × 权重系数 + 不同类型针对政策 × 权重系数 + 容积率指标调控 × 权重系数 + 利息补贴 × 权重系数 + 税收减免 × 权重系数 + 金融信贷支持 × 权重系数 + 灵活划定用地边界 × 权重系数
	政策制度支持程度降低量	社会资本参与城市更新意愿 * 权重系数
	项目吸引程度提高量	居民协作程度 × 权重系数 + 投资回报 × 权重系数 + 产业导入运营 × 权重系数
	项目吸引程度降低量	变更风险 × 权重系数 + 建设成本 × 权重系数
辅助变量	政府财政水平	WITH LOOKUP（Time）Lookup（[（0,0）-（10,2）]，（0,0.695），（2,0.798542），（4,0.946124），（6,1.09827），（8,1.3048），（10,1.39））
	不同类型针对性政策	WITH LOOKUP（Time）Lookup（[（0,0）-（10,2）]，（0,0.7），（2.5,0.875），（5,1.05），（5.5,1.225），（10,1.4））
	居民协作程度	居民协作程度初始值 + 政策宣传解读 × 权重系数
	产业导入与运营	产业导入与运营初始值 + 容积率指标调控 × 权重系数
	变更风险	变更风险初始值 + 项目建设周期 × 权重系数 / 居民协作程度 × 权重系数
	建设成本	建设成本初始值 / 利息补贴 × 权重系数 + 税收减免 × 权重系数

尽管系统动力学模型并非仅依靠数据实现,但在模型建立中仍需要借助一些实际数据使研究更加接近真实系统,因此,对模型中的部分辅助变量的方程设置参考现实数据取值。

根据假设3,政府财政水平会随着时间变化而逐年上涨,且发展趋势与历年保持一致,选取南京市往年统计数据,利用表函数获得仿真时间内的变化趋势。根据《南京市统计年鉴》(2011—2021)得到2011—2021年南京市政府财政收入水平情况,如表4-6所示,据此建立辅助变量政府财政水平的系统动力学表函数方程。

表4-6 2011—2021年南京市政府财政收入情况(单位:亿元)

年份	2011	2012	2013	2014	2015	2016
财政收入	1296.77	1425.25	1591.59	1771.85	2006.96	2196.54
年份	2017	2018	2019	2020	2021	-
财政收入	2439.23	2783.84	3023.3	3009.55	3264.26	-

根据假设4,政府会逐渐完善不同类型城市更新项目的针对性政策,不同类型针对性政策的增长幅度以城市政府出台的城市更新类型项目的针对性政策覆盖完整程度取值。根据南京市城乡建设委员会于2022年3月24日发布的《南京市城市更新试点实施方案》,南京市城市更新划分为居住类地段更新、生产类建筑改造、公共类空间提升和综合类片区更新四种城市更新类型,但目前仅针对居住类地段更新出台了详细的政策文件,如《开展居住类地段城市更新的指导意见》(宁规划资源[2020]339号)和《居住类地段城市更新规划土地实施细则》,以及针对历史性街区改造的《关于进一步加强老城风貌管控严格控制老城建筑高度规划管理规定》(宁政规字[2023]3号)等文件,而其他三种类型的城市更新暂未有更新办法明细。因此假设随着时间变化,政府会逐渐完善这四种类型城市更新的更新办法和处理明细条例。

4.5 社会资本参与城市更新的影响因素权重系数计算

由于系统中的变量大多都是无量纲变量,难以用现实中的实际数值来表示,因此本节通过问卷调查法并结合专家的观点调查和打分评判,统计并计算出社会资本参与城市更新影响因素的权重数值。

4.5.1 权重计算方法的选取

根据前文所述的社会资本参与城市更新的影响因素整理结果,需要对系统动力学模型中的影响因素权重进行确认和计算。通过查阅文献,目前计算影响因素权重的常用方法主要有主观评分法、决策树法、风险图评价法、层次分析法、模糊综合评价法、蒙特卡罗模拟法、熵权法、CRITIC 赋权法(表 4-7)。

表 4-7　影响因素评价的方法比较

序号	方　法	优　势	不　足
1	主观评分法	思路情绪、方便操作	主观性较强
2	决策树法	阶段明显,层次清楚,便于决策机构集体研究	使用范围有限、主观性较强
3	风险图评价法	操作简单、直观明了	缺乏有效的经验证明和数据支持
4	层次分析法	系统性强、思维清晰、实用性较强	有一定主观性,不能为决策提供新方案
5	模糊综合评价法	得出的结论较为精确、不易失真	计算复杂,不易操作
6	蒙特卡罗模拟法	得出的结论较为精确	难度较大,不易操作
7	熵权法	得出结论客观,不受主观影响	计算复杂,需要大量基础数据
8	CRITIC 赋值法	同时考虑了各个评价因子之间的冲突性	未充分考虑项目的系统性和层次性

根据以上八种分析方法的比较,层次分析法操作相对简单,能够在主观分析的基础上进行系统性的数据分析,并且在数据收集阶段存在一致性检验的过程,对数据质量有较好的把控,但缺点在于主观性较强,结果缺乏客观性。而 CRITIC 分析法可以对数据进行充分且客观的分析,同时考虑各影响因素间的对比强度,但不足之处在于不能充分考虑研究的系统性和层次性。因此,将两种方法结合可以弥补各自的缺点,从主

客观角度为影响因素赋权。综上所述,在影响因素权重评价方面,本研究采用 AHP–CRITIC 综合赋权的方式进行评估。

4.5.2 基于 AHP 层次分析法的因素主观权重计算

本研究邀请五位专家对影响因素体系进行评价,专家包含城市基础设施投资建设的企业负责人、研究城市更新与土地管理的高校学者以及政府机构中城市更新相关部门的工作人员,在解释说明研究背景与目的后,请他们根据自己的经验学识对各影响因素进行比较打分,以保证本研究的充分性。

4.5.2.1 权重计算方法描述

层次分析法是由专家对各因素之间的两两对比构建判断矩阵,并对矩阵进行解析,从而计算因素之间权重。

(1)建立层次结构模型

首先需要将各因素按照最高层、中间层、最低层进行层级划分,最高层一般为需要解决的问题;中间层为需要考虑的因素或进行决策前需要参照的准则;最低层为决策时的备选方案。但是,在运用层次分析法对影响因素进行权重评价时,需要将最低层的备选方案调整为备选指标,中间层调整为指标层的上一层级指标,并需要将指标层归纳到中间层进行多次权重核算,从而计算出较为准确的排序数据。

(2)构造判断矩阵

对层次分析法的应用需要以专家对各因素进行打分为基础,专家需要同时对中间层间的相互比较和中间层内部涉及指标层的指标因素间相互比较进行重要度打分。具体操作为:组织 m 位专家对每层级范围内 n 个因素重要程度的两两比较进行打分,并独立提出评价意见,一般采用 1–9 标度方法进行评价,每个数字标度含义如表 4–8 所示。

表 4–8　判断矩阵标度含义

标度 a_{ij}	含　义
1	指标 i 与 j 相比,i 和 j 同样重要
3	指标 i 与 j 相比,i 比 j 稍微重要

续　表

标度 a_{ij}	含　义
5	指标 i 与 j 相比，i 比 j 明显重要
7	指标 i 与 j 相比，i 比 j 强烈重要
9	指标 i 与 j 相比，i 比 j 极端重要
2,4,6,8	表示上述相邻判断的中值
倒数	若 i 和 j 相对重要性之比为 a_{ij}，则 j 对 i 相对重要性之比为 $1/a_{ij}$

根据上表反馈，可以在每个层级内得出重要性矩阵 X：

$$x = \begin{bmatrix} 1 & 1/X_2 & \cdots & 1/X_n \\ X_2 & 1 & \cdots & 1/X_{n+1} \\ \vdots & \vdots & 1 & \vdots \\ X_n & X_{n+1} & \cdots & 1 \end{bmatrix}$$

矩阵中，两个相同要素间比较重要性为 1，要素间相互比较在矩阵中互为倒数。其中 X_n 为某位专家对特定影响因素的评价打分。

4.5.2.2 AHP 权重计算

首先基于图 4-5，构建社会资本参与城市更新的影响因素层次体系如下：

其中社会资本参与城市更新 A 为目标层，政策制度 B1、政府行为 B2、项目情况 B3 和企业能力 B4 为准则层，最低层的 C1~C27 属于实施层。

（1）计算准则层主观权重

借助 yaahp10.3 软件，计算得出各专家对中间准则层主观权重判断结果，如表 4-9 至表 4-13 所示。

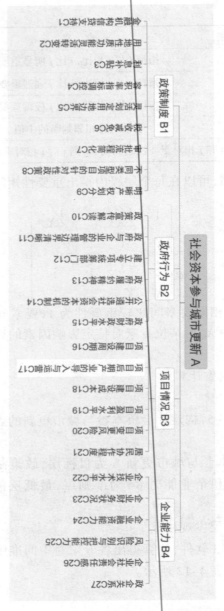

图 4-5 社会资本参与城市更新影响因素层次模型

表 4-9　准则层主观权重(专家 1)

	政策制度	政府行为	项目情况	企业管理	权重	一致性检验
政策制度	1	2	1/2	1	22.74%	λ_{max}=4.010
政府行为	1/2	1	1/3	1/2	12.22%	CI=0.003
项目情况	2	3	1	2	42.31%	RI=0.890
企业管理	1	1	1/2	1	22.74%	CR=0.004<0.1

表 4-10　准则层主观权重(专家 2)

	政策制度	政府行为	项目情况	企业管理	权重	一致性检验
政策制度	1	1/3	1/3	1/2	34.746%	λ_{max}=4.154
政府行为	1	1	1	2	25.655%	CI=0.051
项目情况	1/2	1	1	2	13.827%	RI=0.890
企业管理	1/3	1/2	1/2	1	21.772%	CR=0.058<0.1

表 4-11　准则层主观权重(专家 3)

	政策制度	政府行为	项目情况	企业管理	权重	一致性检验
政策制度	1	1/2	1/3	1/3	20.617%	λ_{max}=4.187
政府行为	1/2	1	1	1	15.749%	CI=0.062
项目情况	2	2	1	1	32.900%	RI=0.890
企业管理	2	1	1	1	26.734%	CR=0.070<0.1

表 4-12　准则层主观权重(专家 4)

	政策制度	政府行为	项目情况	企业管理	权重	一致性检验
政策制度	1	2	1	2	33.194%	λ_{max}=4.081
政府行为	1/2	1	1	2	23.472%	CI=0.027
项目情况	1	1	1	3	30.764%	RI=0.089
企业管理	1/2	1/2	1/3	1	12.569%	CR=0.030<0.1

表 4-13　准则层主观权重(专家 5)

	政策制度	政府行为	项目情况	企业管理	权重	一致性检验
政策制度	1	1	2	3	33.772%	λ_{max}=4.209
政府行为	1	1	2	1	26.629%	CI=0.070
项目情况	1/2	1/2	1	2	19.672%	RI=0.890
企业管理	1/3	1	1/2	1	13.938%	CR=0.078<0.1

准则层影响因素权重计算结果汇总见表4-14所示。

	专家1	专家2	专家3	专家4	专家5	综合权重
政策制度	0.2272	0.3675	0.2062	0.3319	0.3577	0.2981
政府行为	0.1225	0.2766	0.1775	0.2347	0.2863	0.2195
项目情况	0.4231	0.1383	0.3290	0.3076	0.1967	0.2789
企业管理	0.2272	0.2177	0.2873	0.1257	0.1594	0.2035

（2）方案层主观权重计算

由于本研究的准则层的影响因素较多，直接进行相对重要性对比有一定的困难，因此在建立中间层判断矩阵之后，对各中间层建立相应的判断矩阵。例如，第一层影响因素为B1，而下一层影响因素包含C1、C2、C3，构建的两两判断矩阵可以表达为：

$$B1 = \begin{bmatrix} 1 & c_{12} & c_{13} \\ c_{21} & 1 & c_{23} \\ c_{31} & c_{32} & 1 \end{bmatrix}$$

按照准则层权重计算方法，分别按照准则层三个维度对方案层各影响因素同级权重进行计算，并计算各影响因素的算数平均值。计算情况如表4-15至表4-18所示。

表4-15　政策制度影响因素判定情况

因　素	专家1	专家2	专家3	专家4	专家5	综合权重
用地性质灵活转变	0.136	0.105	0.085	0.082	0.128	0.1072
金融机构信贷支持	0.096	0.149	0.099	0.096	0.113	0.1106
利息补贴	0.154	0.109	0.138	0.101	0.138	0.1280
容积率指标调控	0.111	0.114	0.060	0.147	0.128	0.1120
灵活划定用地边界	0.086	0.057	0.050	0.120	0.061	0.0748
税收减免	0.191	0.155	0.179	0.121	0.173	0.1638
审批流程简化	0.068	0.120	0.160	0.099	0.070	0.1034
类型项目针对政策	0.079	0.061	0.109	0.120	0.060	0.0858
明晰产权划分	0.077	0.131	0.120	0.114	0.129	0.1142

激活城市活力——中国式现代化背景下城市更新与市地整理研究

· 164 ·

表 4-16　政府行为影响因素判定情况

因　素	专家 1	专家 2	专家 3	专家 4	专家 5	综合权重
政策宣传解读	0.089	0.115	0.093	0.113	0.087	0.0993
政府与企业的管理边界清晰	0.183	0.217	0.102	0.226	0.143	0.1741
建立专项统筹部门	0.214	0.228	0.080	0.205	0.237	0.1928
政府履约精神	0.070	0.088	0.149	0.163	0.072	0.1084
公开遴选社会资本的机制	0.201	0.171	0.244	0.163	0.237	0.2031
政府财政水平	0.243	0.182	0.332	0.129	0.225	0.2222

表 4-17　项目情况影响因素判定情况

因　素	专家 1	专家 2	专家 3	专家 4	专家 5	综合权重
项目建设周期	0.105	0.088	0.092	0.145	0.076	0.1012
项目后期产业的导入与运营	0.074	0.188	0.139	0.164	0.232	0.1594
项目建设成本	0.182	0.273	0.237	0.117	0.134	0.1886
项目投资回报	0.283	0.219	0.322	0.227	0.257	0.2616
项目变更风险	0.130	0.084	0.118	0.188	0.205	0.1450
居民协作程度	0.226	0.148	0.092	0.159	0.095	0.1440

表 4-18　企业管理影响因素判定情况

因　素	专家 1	专家 2	专家 3	专家 4	专家 5	综合权重
企业技术水平	0.095	0.088	0.145	0.124	0.102	0.1108
企业财务状况	0.259	0.188	0.231	0.165	0.222	0.213
企业融资能力	0.259	0.273	0.213	0.170	0.178	0.2186
风险识别与把控能力	0.187	0.219	0.141	0.203	0.239	0.1978
企业社会责任感	0.061	0.084	0.130	0.129	0.065	0.0938
政企关系	0.139	0.148	0.141	0.209	0.195	0.1664

通过以上计算,可得出社会资本参与城市更新的各影响因素综合权重,如表 4-19 所示。

表 4-19　各影响因素的综合权重

目标层	准则层	准则层权重	影响因素	方案层权重	影响因素综合权重
社会资本参与城市更新	政策制度	0.2981	用地性质功能灵活转变	0.107	0.032
			金融机构信贷支持	0.111	0.033
			利息补贴	0.128	0.038
			容积率指标调控	0.112	0.033
			灵活划定用地边界	0.075	0.022
			税收减免	0.164	0.049
			审批流程简化	0.103	0.031
			不同类型项目的针对性政策	0.086	0.026
			明晰产权划分	0.114	0.034
	政府行为	0.2195	政策宣传解读	0.099	0.022
			政府与企业的管理边界清晰	0.174	0.038
			建立专项统筹部门	0.193	0.042
			政府履约精神	0.108	0.024
			公开遴选社会资本的机制	0.203	0.045
			政府财政水平	0.222	0.049
	项目情况	0.2789	项目建设周期	0.101	0.028
			项目后期产业的导入与运营	0.159	0.044
			项目建设成本	0.189	0.053
			项目投资回报	0.262	0.073
			项目变更风险	0.145	0.040
			居民协作程度	0.144	0.040
	企业管理	0.2035	企业技术水平	0.111	0.023
			企业财务状况	0.213	0.043
			企业融资能力	0.219	0.044
			风险识别与把控能力	0.198	0.040
			企业社会责任感	0.094	0.019
			政企关系	0.166	0.034

根据 AHP 层次分析法,得到专家评价的社会资本参与城市更新的影响因素权重,识别出 27 个影响因素中"项目投资回报""建设成本""税收减免""政府财政水平""公开遴选社会资本的机制""企业融资能力""项目后期导入与运营""企业财务状况""建立专项统筹部门"以及"项目变更风险"是影响社会资本参与城市更新的主要因素,而"企业社会责任感""政策宣传解读"等因素对社会资本参与城市更新的影响相对较小。这仅代表进行层次分析打分的专家的主观意见,下面将利用 CRITIC 赋权法对各个影响因素进行客观权重计算。

4.5.3 基于 CRITIC 赋权法的因素客观权重计算

CRITIC 法是一种客观赋权法,主要对影响因素间的冲突性进行比较分析。由于本研究内容较为专业,无法随机邀请人员进行问卷填写,为保证问卷结果的专业性与科学性,本次问卷调查为有针对性的定向发放问卷,接受问卷调查的群体主要为政府城市更新相关部门工作人员、房地产开发商等可参与城市更新的投资建设企业、相关产业运营企业、参与过或涉及微盈利性城市更新项目的周边居民,以及部分城市更新相关领域的高校专家学者,以这些人群作为重点调研对象。对于相关企业和居民,通过问卷星采取匿名方式在互联网上发放与回收调查问卷,渠道工具基本是房地产相关微信群;对于政府城市更新相关部门的工作人员,利用课题项目汇报机会,对参会人员进行纸质问卷发放填写。

本次研究总共发放问卷 64 份,剔除无效问卷后共计收回有效调查问卷 50 份。为确保数据的可信度,对本次问卷调查进行信度分析,计算得出 Cronbach a 系数为 0.887,结果大于 0.6,因此,本次问卷调研数据可以接受。

本研究的 CRITIC 采用 SPSSAU 软件对数据进行统计分析,首先计算获得数据的平均化值和标准差,如表 4-20 所示。

表 4-20　影响因素平均值与标准差计算表

序号	维度	影响因素	平均值	标准差
1	政策制度	允许用地性质功能转变	3.820	1.366
2		金融机构信贷支持	4.760	1.598
3		利息补贴	4.860	1.400
4		容积率指标调控	4.260	1.651
5		灵活划定用地边界	4.620	1.441
6		税收减免	4.460	1.528
7		审批流程简化	4.680	1.269
8		不同类型项目的针对性政策	4.600	1.512
9		明晰产权划分	3.800	1.539
10	政府行为	政策宣传解读	3.940	1.284
11		政府与企业的管理边界清晰	3.980	1.134
12		建立专项统筹部门	4.480	1.488
13		政府履约精神	5.220	1.148
14		公开遴选社会资本的机制	4.740	1.482
15		政府财政水平	4.560	1.554
16	项目情况	项目建设周期	3.960	1.340
17		项目后期产业的导入与运营	3.560	1.554
18		项目建设成本	3.820	1.494
19		项目投资回报	3.020	1.436
20		项目变更风险	3.960	1.370
21		居民协作程度	4.360	1.453
22	企业管理	企业技术水平	3.920	1.291
23		企业财务状况	4.440	1.402
24		企业融资能力	3.720	1.654
25		风险识别与把控能力	4.200	1.161
26		企业社会责任感	4.180	1.063
27		政企关系	4.680	1.377

在获得数据标准差平均值后,进一步计算得到各影响因素的权重,如表 4-21 所示。

表 4-21　影响因素的 CRITIC 权重计算结果

序号	影响因素	指标变异性	指标冲突性	信息量	权重
1	C19 项目投资回报	1.436	21.529	30.906	4.58%
2	C2 金融机构信贷支持	1.598	16.143	26.992	4.30%
3	C17 项目后期产业的导入与运营	1.554	16.401	26.593	4.24%
4	C4 容积率指标调控	1.651	15.053	26.160	4.17%
5	C24 企业融资能力	1.654	14.907	25.967	4.14%
6	C6 税收减免	1.528	16.123	25.694	4.10%
7	C23 企业财务状况	1.402	19.622	25.511	4.08%
8	C8 不同类型项目的针对性政策	1.512	16.113	25.384	4.06%
9	C15 政府财政水平	1.554	15.229	24.773	3.97%
10	C14 公开遴选社会资本的机制	1.482	15.439	23.844	3.83%
11	C3 利息补贴	1.400	16.093	23.328	3.75%
12	C20 项目变更风险	1.370	16.434	23.249	3.74%
13	C9 明晰产权划分	1.539	14.318	23.108	3.72%
14	C1 允许用地性质功能转变	1.366	15.839	24.362	3.61%
15	C12 建立专项统筹部门	1.488	14.372	24.361	3.61%
16	C18 项目建设成本	1.494	14.294	24.344	3.61%
17	C21 居民协作程度	1.453	14.513	24.002	3.56%
18	C5 灵活划定用地边界	1.441	14.646	23.991	3.55%
19	C27 政企关系	1.377	15.302	23.822	3.53%
20	C25 风险识别与把控能力	1.161	20.053	23.273	3.45%
21	C7 审批流程简化	1.269	16.070	22.927	3.40%
22	C10 政策宣传解读	1.284	15.707	22.740	3.37%
23	C13 政府履约精神	1.148	19.153	21.988	3.26%
24	C16 项目建设周期	1.340	14.438	22.019	3.26%
25	C22 企业技术水平	1.291	15.000	21.949	3.25%
26	C26 企业社会责任感	1.063	19.140	20.347	3.01%
27	C11 政府与企业的管理边界清晰	1.134	15.015	19.291	2.86%

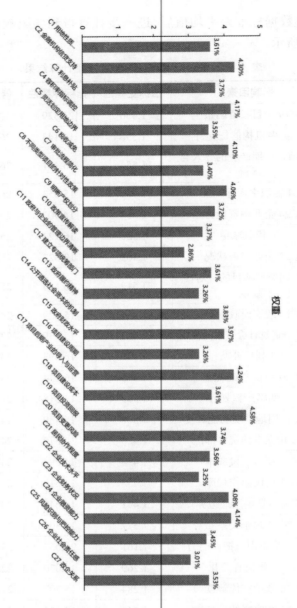

图 4-6 影响因素的 CRITIC 权重排序横道图

4.5.4 基于 AHP–CRITIC 组合法的因素综合权重确定

表 4–22 为 AHP–CRITIC 组合权重表。

表 4–22　AHP–CRITIC 组合权重表

序号	维度	影响因素	AHP 主观权重	CRITIC 客观权重	组合权重
1	政策制度	允许用地性质功能转变	0.032	0.036	0.034
2		金融机构信贷支持	0.033	0.043	0.039
3		利息补贴	0.038	0.038	0.038
4		容积率指标调控	0.033	0.042	0.038
5		灵活划定用地边界	0.022	0.036	0.030
6		税收减免	0.049	0.041	0.044
7		审批流程简化	0.031	0.034	0.033
8		不同类型项目的针对性政策	0.026	0.041	0.035
9		明晰产权划分	0.034	0.037	0.036
10	政府行为	政策宣传解读	0.022	0.034	0.029
11		政府与企业的管理边界清晰	0.038	0.029	0.033
12		建立专项统筹部门	0.042	0.036	0.038
13		政府履约精神	0.024	0.033	0.029
14		公开遴选社会资本的机制	0.045	0.038	0.041
15		政府财政水平	0.044	0.040	0.044
16	项目情况	项目建设周期	0.028	0.033	0.031
17		项目后期产业的导入与运营	0.044	0.042	0.043
18		项目建设成本	0.053	0.036	0.043
19		项目投资回报	0.073	0.046	0.057
20		项目变更风险	0.040	0.037	0.038
21		居民协作程度	0.040	0.036	0.038
22	企业管理	企业技术水平	0.024	0.033	0.029
23		企业财务状况	0.041	0.041	0.042
24		企业融资能力	0.044	0.041	0.042
25		风险识别与把控能力	0.036	0.035	0.037
26		企业社会责任感	0.017	0.030	0.026
27		政企关系	0.031	0.035	0.035

从组合权重计算结果可以看出,影响社会资本参与城市更新的主要影响因素包括"项目投资回报""税收减免""政府财政水平""项目建设成本""项目后期导入与运营""企业融资能力""企业财务状况""公开遴选社会资本的机制""金融机构信贷支持"和"建立专项统筹部门",而"企业技术水平""政府履约精神""企业社会责任感""政策宣传"等因素对社会资本参与城市更新的影响相对较小。

从企业自身能力层面来看,影响企业参与城市更新的因素主要是"企业融资能力"和"企业财务状况",从项目情况层面来看,"项目投资回报"和"项目建设成本"影响程度较大,可见由于城市更新项目基本是资金投入成本高且投资回报不稳定的项目,对社会资本而言资金负担是很重要的一个限制因素。

从政府行为层面来看,"政府财政水平"和"公开遴选社会资本的机制"影响权重最高,可见社会资本对政府财政能力比较看重,以及由于不正当市场竞争现象时有存在,且评价社会资本的资质标准不明确、参与城市更新的通道不畅通,一些社会资本在资金运筹、规划设计、项目建设与运营方面的优势无法得到有效发挥,对社会资本参与城市更新建设造成了阻碍。

从政策制度层面来看,其中最重要的影响因素是"税收减免"和"金融机构信贷支持",如果能够畅通社会资本的融资渠道,并通过减少税收等方式在一定程度上降低社会资本的投资成本,对社会资本而言将会起到一定激励作用。

4.5.5 系统动力学模型基础参数赋值

将系统中各变量的权重系数采用计算所得的各影响因素的权重(表4-22)进行赋值,初始值以通过问卷调查得到的平均分值取值。为便于实际数据与仿真数据的统一计算,对系统变量的初始值进行参数归一化处理。此外,由于在政府视角下的社会资本参与城市更新影响因素系统中,剔除了"企业能力"这一维度的影响因素,只剩下"政府行为""政策支持"和"项目情况"三个维度的影响因素,因此在原先的权重系数的基础上,对三个状态变量的权重系数进行归一化处理。系统变量的权重系数及初始参考量赋值结果如表4-23所示。

表 4-23　权重系数与变量初始值

名　称	数值	名　称	数值
政府行为鼓励程度权重系数	0.2756	相关政策支持程度权重系数	0.3742
项目吸引程度权重系数	0.3501	政府财政水平权重系数	0.044
统筹部门建立权重系数	0.038	公开遴选机制权重系数	0.041
政府履约精神权重系数	0.029	与企业管理边界清晰权重系数	0.033
政策宣传解读权重系数	0.029	审批流程简化权重系数	0.033
用地性质灵活转化权重系数	0.034	产权划分明晰权重系数	0.036
不同类型针对性政策权重系数	0.035	容积率指标调控权重系数	0.038
利息补贴权重系数	0.038	税收减免权重系数	0.044
金融信贷支持权重系数	0.039	灵活划定用地边界权重系数	0.030
居民协作程度权重系数	0.038	投资回报权重系数	0.057
产业导入与运营权重系数	0.043	变更风险权重系数	0.038
建设成本权重系数	0.043	–	–
公开遴选社会资本机制初始值	0.7175	建立统筹部门初始值	0.6850
政府履约精神初始值	0.7775	政策宣传解读初始值	0.6175
用地性质灵活转变初始值	0.6025	产权划分明晰初始值	0.6000
审批流程简化初始值	0.7100	容积率指标调控初始值	0.7100
灵活划定用地边界初始值	0.7025	金融信贷支持初始值	0.7200
税收减免初始值	0.7325	利息补贴初始值	0.6825
居民协作程度初始值	0.6700	产业导入与运营初始值	0.5700
投资回报初始值	0.5025	变更风险初始值	0.6200
建设成本初始值	0.6025	项目建设周期初始值	0.6200

4.6　社会资本参与城市更新的仿真分析与激励策略建议

　　为了更加透彻地研究各影响因素对社会资本参与意愿的作用效果与影响机理,本章节将对社会资本参与城市更新影响因素系统进行基准情形运行,分析在目前政策制度和政府行为下社会资本参与城市更新意愿的变化趋势；然后对其中的不同实施情境进行模拟和分析，探讨在土地、规划、税收等不同政策情境下，社会资本参与城市更新的行为意愿变化和趋势，探讨相关因素的作用机制，并据此分析对应的政策方法，以达到政府激励社会资本有序参与城市更新、促进市场化城市更新发展的目的。

4.6.1 基准情景模拟仿真

4.6.1.1 模型有效性检验

（1）直观检验

建立系统流图并完成系统动力学方程定义后，在进行系统仿真模拟运行前，需要先利用 Vensim PLE 软件的"Check Model"功能，对社会资本参与城市更新的影响因素模型进行结构检验和一致性检验，检验内容包括因果关系的合理性、变量定义的完整性和正确性，以及变量单位的一致性。检验结果显示为通过，如图 4-7 所示。

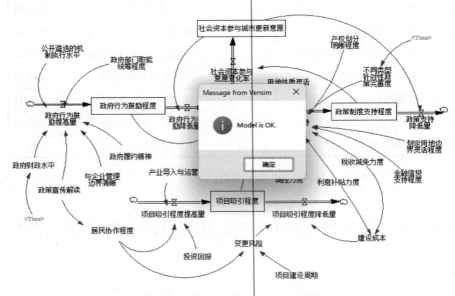

图 4-7　系统检验结果

（2）模型结构检验

结构检验主要是对模型的稳定性进行检验,并观察系统中的参数变化对模型的灵敏度。为测试模型结构的稳定性,选取社会资本参与城市更新的意愿这一状态变量作为检验指标,分别将模拟仿真时间的步长设置为 0.25、0.5、1 并运行,结果如图 4-8 所示。在三种不同的仿真时间步长下,社会资本参与城市更新的意愿的发展趋势均基本一致,表明模型结构具有稳定性。

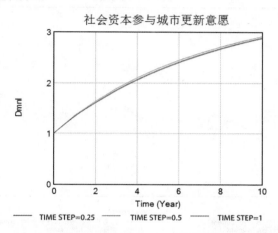

图 4-8　不同仿真时间步长的社会资本参与城市更新意愿比较图

4.6.1.2 基准情景发展趋势模拟

仿真模拟是系统动力学的一个重要功能,通过改变模型中关键变量的数值输入,观察并分析该变量的变化对模型中其他变量的输出结果的影响。基准情景发展趋势模拟,即不改变系统中各个影响因素的数值,对系统进行仿真模拟。社会资本参与城市更新的影响因素系统模型的基础仿真结果如图 4-9 和图 4-10 所示。

从模拟结果可以看出,政府统筹管理水平会随着时间变化不断上升,这是因为政府财政水平逐年提升,更有能力支付社会资本报酬,而社会资本也会更愿意与城市政府合作。城市更新项目对社会资本的吸引程度也会逐渐增加,一方面是由于随着政府的宣传推动,整个社会对城市更新的态度会不断改观,群众配合程度将有所提高;另一方面是由于政府会陆续出台不同类型更新项目的针对性政策,规范老旧厂房改造、历史文化街区改造等类型的城市更新办法和条例,社会资本参与城市更新的操作将更加有法可依,且政府目前已经采取相关政策措施对社会资本进行鼓励,通过奖励等手段降低社会资本要投入的项目成本,社会资本的参与意愿因而相应增强。但随着社会资本的参与意愿不断增强,政府不再对社会资本的参与进行政策鼓励,因此社会资本参与城市更新的意愿的上升趋势逐渐趋于平缓。

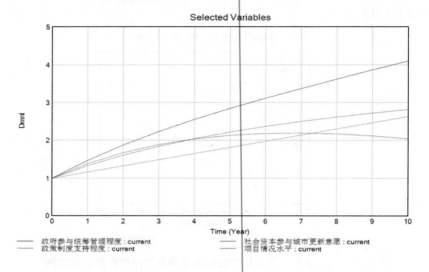

图 4-9　基准情景下社会资本参与城市更新的意愿及其相关影响因素发展情况

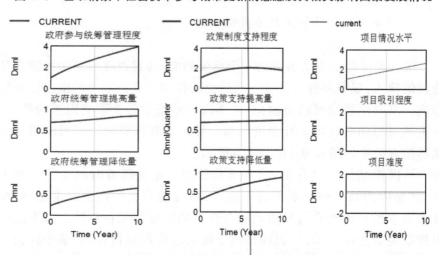

图 4-10　政府行为鼓励程度、政策制度支持程度和项目情况的相关变化趋势

4.6.2 政府行为仿真分析与对策建议

4.6.2.1 政府行为模拟仿真分析

在"政府主导、市场参与"的城市更新项目中,政府既是项目合作方,也是统筹管理方,其行为对社会资本参与城市更新的意愿具有一定影响。然而由于我国正式将城市更新写入规划较晚,目前许多城市政府对城市更新领域的职能分配、机制流程等方面仍处于探索阶段,尚未建立完善的应对机制。在此背景下,政府需要不断完善自身职能,发挥好主导作用。

在系统动力学中,通过改变某些变量的值,可以观察在相关变量改变的状态下系统的发展趋势,模拟政府行为改变对系统的影响。因此,本章设定五种变化情形,分别将"公开遴选社会资本的机制执行水平""政府部门统筹程度""政府履约精神""政府与企业的管理边界清晰程度"和"政策宣传解读"的程度值设置为逐年增长 0.2,观察其变化对社会资本参与城市更新的意愿的影响程度,结果如图 4-11 所示,其中 current 情景为未调整任何变量的原始状态。

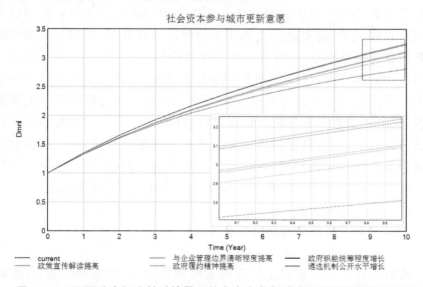

图 4-11　不同政府行为鼓励情景下社会资本参与城市更新的意愿变化对比

可以看到，随着各个变量水平的提升，社会资本参与城市更新的意愿相较于原始状态都有所增强，各变量对社会资本参与城市更新的意愿都具有促进作用，但影响程度有所不同，由高到低分别为"公开遴选社会资本机制""政府部门职能统筹""与企业管理边界清晰""政策宣传解读"和"政府履约精神"。

其中，"公开遴选社会资本机制"和"政府部门职能统筹"两个因素的变化对社会资本参与城市更新的意愿影响程度最大，且两者效果相当，在这两个因素的影响作用下，社会资本参与城市更新的意愿分别均相较原来提高了约40%，分别将仿真时间结束时社会资本的基准情景参与意愿相对值2.81提升至3.24和3.22。这体现了目前社会资本在参与城市更新项目时所面临的两个主要问题：一个是政府选取参与城市更新的社会资本进行合作的机制不明确，更多时候会按照过往经验选择熟悉的国企，拥有资金和技术等条件的民营企业难以进入城市更新；另一个问题是政府部门职能的碎片化，在城市更新中长期以部门分类治理为主，缺少统筹管理的专项部门，导致社会资本在参与建设过程中面临多头领导、审批复杂的问题。

"与企业管理边界清晰""政策宣传解读"和"政府履约精神"三个影响因素对社会资本参与意愿的影响相对较小，但对社会资本参与意愿依然有提高作用。其中政府与企业的管理边界体现了城市更新项目中的政企合作关系，需要通过完善完备的规章流程制度、职能分工来实现清晰的管理边界划分，而政策宣传解读对社会资本参与城市更新意愿的提高作用有两方面：一是直接作用于社会资本，让社会资本更加清晰地了解目前出台的政策制度规章、操作流程、具体优惠方式和适用范围等内容，提高社会资本参与城市更新建设的积极性；另一方面是作用于整体社会环境，通过提高社区居民对城市更新的理解认知，在全社会营造开放包容的城市更新环境，提高居民对城市更新的配合度，从而一定程度上降低社会资本在参与城市更新过程中可能遇到的社会风险。

4.6.2.2 政府行为层面激励策略建议

政府本身在城市建设上具有强大的领导能力、宏观调控能力，在政府主导、市场参与的城市更新模式，尤其是微盈利性质的城市更新项目中，保持更新项目的可持续性需要政府不断发挥职能，提升政企合作契合度,在全社会营造更加包容、开放、有利的城市更新环境,提高社会资本参与的积极性。

（1）提升城市更新政府统筹作用

国家倡导的政府主导模式一般情况下是指在城市更新过程中成立机构,发挥管理作用,如广州和山东济南分别于 2015 年 2 月和 2016 年 6 月成立城市更新局,以统筹管理城市更新相关工作,深圳、珠海、上海等地也都设立了城市更新专职管理机构或部门。然而,通过研究目前我国政府主导的城市更新现状发现,在治理过程中我国各地政府部门大多职权划分并不明确。因此有必要建立专职管理机构或部门,或成立市级与各区级的城市更新专项牵头领导工作小组,强化政府在城市更新总体工作中的统筹领导作用,在城市更新中统筹各利益相关方,并与其他部门协同治理,保障城市更新统筹协调推进,确保社会资本在参与城市更新过程中不再面临多头管理的境地,增强城市更新的系统协同性。

（2）明晰城市更新政府职能分配

城市更新是一个复杂的系统工程,政府角色贯穿于城市更新战略阶段、计划阶段、实施阶段和运营阶段。城市更新中的政府职能分工应以城市更新目标为基准、以更新工作权利赋予为导向、以完善公共事务治理为依托、以建立有效的社会协同平台为目的,进一步明确市、区两级政府的管理职责,明确各部门分工,这有利于在城市更新项目中明确与企业的责任边界。

一是立足放权简政,破解多机构管制困境。精简政府的部分职能,简化政府的办事流程,有效提高政府的工作效率,自上而下地提高服务效率。减少政府职能的碎片化给社会资本带来的办理手续时间成本问题,实现审批行政管理方面的“简政放权”。市建设、规划资源、房产等市级部门和各区政府（园区）负责审定试点实施方案、规划计划、重大项目方案、重大政策举措,协调解决城市更新重大问题;由市建委牵头组建专门机构承担日常管理工作;政府相关部门在各自职责范围内负责城市更新相关工作。二是制定阶段目标,动态转变政府职能。在前期以规划职能为主,统筹确定城市更新的战略方向;中期以实施保障为主,做好社会资本参与城市更新的监督工作;后期发挥激励职能,实施多种经济支持搭建资金桥梁,鼓励社会资本与多元主体共同参与更新,实现更新工作的精准化与高效化。

（3）深化城市更新政策宣传解读

除了城市更新相关政策的制定发布，政策的宣传解读也不容忽视。政府政策种类繁多、体系复杂，对于普通居民甚至是一些企业来说，对一些新出台政策信息有所遗漏、理解困难在所难免，这也导致了政策实施效果的滞后性。因此，一是要对出台的城市更新相关政策制度通过多渠道进行解读宣传，特别是优惠政策实施细则，可以借助新闻或政府公众号等网络平台，通过制作便捷易懂的图表形式对政策规章、操作流程、具体数额或适用范围进行解读与宣传。此外，面向基层政府和社区工作人员宣传推广城市更新相关政策的宣传手册、解读指南等，有助于帮助基层群众了解城市更新、接纳城市更新，在全社会营造居民支持氛围，为居民主动参与城市更新奠定基础。二是对成功的城市更新项目经验进行总结和宣传推广，发挥示范引领作用。一方面能让社会资本和居民深入了解城市更新的流程与整体意义，提升社会公众对城市更新的认识水平；另一方面，对社会资本而言也是提高企业知名度、提升企业形象的重要途径，实现政府和社会资本的双赢。

（4）优化社会资本参与路径

优化社会资本参与路径，为社会资本畅通参与渠道是政府激励社会资本参与城市更新工作的前提条件。一是公开社会资本遴选机制，依法合规选择社会资本。对于市政基础设置等项目，经政府审议通过实施方案论证后，实施单位组织采用并对外公布结果；老旧小区、历史文化街区保护项目等需严格按照公开招标流程和相关规定选取社会资本，并明确选取社会资本的综合经营业绩、技术管理水平、资金能力、服务价格、企业信誉等因素条件。二是加强项目合作的全过程监管。确定社会资本后与政府相关单位按照合同约定开展项目的投资、建设、运营和维护等工作，政府有关监管部门则对社会资本参与城市更新的全过程进行监督管理，完善对项目建设的绩效评价机制，确保项目顺利实施。

4.6.3 政策制度仿真分析与对策建议

4.6.3.1 政策制度模拟仿真分析

政策制度是政府激励社会资本参与城市更新的主要手段和方式，近年来无论是中央还是地方政府都陆续出台了大量城市更新相关政策文件,其中不乏社会资本参与城市更新的相关内容,但目前来看效果并没有达到预期。由于政策制度的支持程度是有限的,不可能一直提高容积率放宽程度、资金支持水平等变量,无法像政府行为层面的影响因素一样逐年渐渐提高水平,因此本节将政策制度层面的各个影响因素变量的初始值分别提高一倍,不改变其他变量的初始值,然后运行系统,得到社会资本参与城市更新的意愿在各变量提高后的变化情况,如图 4-12 所示。

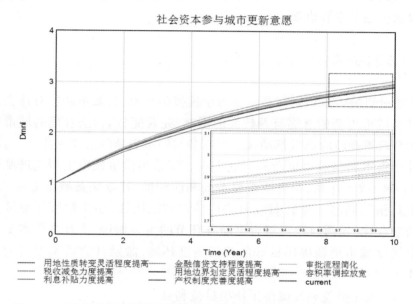

图 4-12　不同政策制度支持情景下社会资本参与城市更新的意愿变化对比

模拟仿真结果显示,税收减免力度提高一倍后对社会资本参与城市更新的意愿影响程度最高,将仿真时间结束时社会资本的基准情景参与意愿相对值 2.81 提升至 3.05,将社会资本参与的意愿相较初始时间翻倍的时间减少了 1 年。"容积率调控""利息补贴""金融信贷支持"和"审批流程简化"次之,"允许用地性质转变""产权制度完善"和"灵活划定用地边界"的影响程度相对较低。

可见,资金问题对社会资本而言依然是参与微盈利性的城市更新项目最关注的问题,由于项目本身的高成本和低回报,社会资本更愿意参与传统新建项目与拆除重建式的城市更新,对微盈利性的城市更新项目参与意愿并不强,而减少税收和提供利息补贴等财政政策支持对社会资本而言能够直接降低一定的项目建设成本,提高项目的投资回报率,符合社会资本作为私营部门的逐利性特征。

容积率指标调控放宽是提高投资回报率的另一种方式,通过一定程度上的放宽土地容积率,项目上容许承载更多的建筑面积,如老旧小区的建筑加高、城中村土地的整理等,这部分建筑面积可以用以转让出售或引入第三产业进行后续运营,维持项目的资金平衡。但需要注意的是,容积率指标的放宽不可避免地涉及新建建筑面积的权属问题,通过文献资料了解到目前我国产权制度依然存在需要改进的地方,因此完善产权制度也是必要事项。

4.6.3.2 政策制度层面激励策略建议

通过影响因素识别与系统动力学模拟仿真发现,政策制度对社会资本参与城市更新的意愿有着较大的影响,完善完备、合法合规的城市更新配套政策是政府高效推动社会资本参与城市更新的必要保障,也是激励社会资本参与城市更新的有效手段。应适当借鉴城市更新先进城市的"1+N"政策体系,提高政策覆盖面和匹配度,建立完备城市更新"政策工具箱",同时注重新旧政策的连续性和衔接性,注重政策与地区实施的融合性,发挥政府在城市更新各环节的主导作用,为社会资本参与的市场化城市更新提供良好的政策制度环境,激励社会资本参与的积极性。

(1)强化微盈利性城市更新项目盈利点

根据影响机理分析,社会资本参与微盈利性的城市更新项目最关注的问题依然是资金问题,且项目投资回报在整体影响因素中权重较高,因此对于微盈利性的城市更新项目,强化微盈利性城市更新项目的盈利点是关键。

一是统筹更新项目盈利平衡体系。加快建立微盈利可持续的利益平衡和成本分担机制,构建横向项目内部平衡与纵向多项目异地平衡的纵横平衡体系架构。一种是政府通过财政、税收、金融等政策,在城市更新项目建设前期对社会资本予以一定程度的资金补助,保障社会资本顺利推进项目进行,进入项目后期运营阶段后允许社会资本进行经营性活动,以获得收益,平衡项目收支。另一种方式是捆绑模式,即将微盈利性的城市更新项目和盈利性城市更新项目捆绑开发建设,打包成综合性开发项目,以此平衡项目收支,如将老旧小区改造与其他城市建设项目进行捆绑组合开发,以盈利性土地开发反哺微盈利性城市更新,实现资金投入的跨项目平衡。

二是释放更新项目运营增利空间。加快建立微利可持续的利益平衡和成本分担机制,构建横向项目内部平衡与纵向多项目异地平衡的纵横平衡体系架构。

（2）完善规范产权归属制度

城市更新在一定程度上是一个产权解构与重组的过程,完善规范产权归属制度是高效开展城市更新的重要前提条件,有助于为社会资本参与城市更新营造良好的前提制度环境。一是明晰土地产权归属。明晰土地产权是实现容积率奖励和转移的前提。制度安排的基础由产权构成,所有经济主体的交互行为就其本源都围绕着产权展开,明晰土地产权能够建立经济行为与土地所有权的内在联系,这也是国外顺利开展市地整理、进行容积率转移和奖励的重要基础。而目前我国城市更新实践中较为显著的问题便是产权模糊和产权情况复杂,给城市更新中土地增值的实现带来困难。因此,有必要提高对产权地块的经济效益的认识,明晰城市土地产权归属,为实施容积率奖励和转移奠定产权基础。二是明晰房屋产权归属。在项目地区进行城市更新前,必须对区域内的房屋产权归属进行调查确认,如老旧小区内的锅炉房等专有或共有产权归属;同时应界定更新过程中的各方权责,减少由于权属不清而导致的冲突问题,降低项目风险。三是规定新建建筑面积的权属。为兼顾老旧小区改造的公共性,政府往往会激励社会资本在参与城市更新中进行社区公共设施建设,可设新增公共物业面积权属归社会资本所有。

（3）构建弹性容积管理标准

在市场经济体制下,个体的利益追求是经济发展的强大动力,在我国现行的城市更新行动中,可以结合市场经济体制的需求建立容积率的奖励和转移机制,有效协调多方利益和激励经济主体。容积管理可以通过调控政策影响市场主体的成本效用,从而达到优化改善城市基础设施和公共空间、推动城市更新的目的。这既是一种城市空间资源的配置手段,也是一种对市场资本主体的经济激励手段。可以利用容积率在提高投资效益方面的积极作用,协调和平衡城市更新中的利益关系,激励和引导社会资本充分利用其规则参与城市更新工作,协助地方政府在减少财政支出的同时,以开发强度提升带来的负外部性换取更多的公共利益。

一是明确容积率上限及奖励和转移核算标准,明确开放空间、公共设施等的具体定义和计算标准,明确对应的用地类型和建设要求,可根据实际情况设置一定的补偿标准弹性,以增强广泛适应性。二是建立容积率奖励及转移交易平台,由行政区政府充当交易主体,由交易平台协同土地管理部门按照标准对转移区域进行资格确认和整体把控,允许地方利用规划体系中容积率设置的弹性余地构建城市收益交换机构。三是通过技术规定中的容积率控制表,根据不同密度的分区制定相应的基准容积率,并在此基础上进一步细化不同类型土地的容积率计算规则;强化建筑间距、建筑物退让和建筑物层高控制等视觉敏感要素的配套管理,建立完善、公平、公正的容积率管理制度。

（4）逐步加强金融支持力度

由于城市更新项目普遍具有周期长、风险变动大等原因,社会资本在参与城市更新时承担了较大资金风险,地方政府通过给予金融政策支持可在一定程度上降低社会资本的资金风险,保障社会资本参与城市更新的资金问题。一是建立地方金融支持政策体系。加强城市更新项目从认定立项、资金投入、资金监管到资金退出的全过程管理,引导和支持保险、信托等金融机构参与支持城市更新,同时出台符合地方实际情况的金融政策指导性文件,为城市更新提供规范且有力的金融支撑,降低社会资本参与城市更新的项目资金链风险。二是引导金融机构加大中长期信贷支持力度,鼓励政策性银行、商业银行参与,针对老旧小区改造、历史文化街区保护、老旧厂房更新、社区综合更新等不同类型城市更新,以及更新过程中的不同环节创新建立不同资金供给方式,丰富金融资本参与渠道。三是探索城市更新产业基金等方式,拓宽社会资本融资渠道。城市更新基金可能来源于政府财政拨款、各类企业投资和社区居民出资等,如目前在历史文化街区保护类城市更新项目中鼓励设立历史风貌区和历史建筑保护基金。但需要注意的是,建立城市更新相关基金需要辅以完善税收优惠政策进行奖补,对于投资基金的企业或居民应当允许减免部分税收,如降低或免征企业所得税、购房税费等,或赋予城市更新项目后续优先运营权等。

（5）有序完善财税优惠政策

政府可以通过在城市更新项目中提供一定税收减免优惠,提高社会资本参与城市更新的积极性。一是出台完善的税收优惠政策,降低社会资本参与微盈利性城市更新项目的建设成本。可参照国家棚改税费减免政策,根据各地实际情况制定具体实施办法,如对改造达到一定面积或提供相应公共空间设施的社会资本予以企业所得税优惠。同时可以免征基础设施配套等行政事业收费,一定程度上降低财税征收标准。二是明确财政专项补贴范围和条件。对于历史风貌区保护、基础设施配套建设等难以增加建筑面积、挖掘项目盈利点的城市更新项目,可根据投资规模、资金平衡难度、项目进度情况适当增加贷款补贴金额,并延长期限,类似于南京市财政局于 2019 年印发的《政府和社会资本合作(PPP)项目奖补资金管理办法》,根据项目投资规模分类,给予不超过30 万元的前期费用补贴,对完成采购、确定社会资本合作方的 PPP 项目,按照项目投资规模给予落地奖励扶持,以奖励代替补贴的方式激励社会资本参与城市建设。三是建立资金多方共担机制,实现利益共享、风险共担,探索政府、居民、社会组织、社会资本共担资金机制,以及开发商、历史建筑保护企业、运营商等社会资本捆绑机制,发挥各方优势,解决资金问题。

4.7　本章小结

社会资本参与城市更新意愿的有效推动是有力践行国家城市更新战略、切实支撑城市高质量发展的重要保障。本章针对如何从政府有效施策的视角有序推动社会资本参与城市更新的这一关键问题,通过社会资本参与城市更新影响因素综合识别,形成了社会资本参与城市更新的影响因素体系框架,实现了社会资本参与城市更新影响因素指标选取的完备性。同时,基于影响因素的逻辑机理,本研究提出了社会资本参与城市更新的影响因素系统动力学模型,建立起进一步探明社会资本参与城市更新的影响关联路径,并结合模拟仿真结果提出了社会资本参与城市更新的针对性激励策略。首先,结合社会资本参与城市更新现状、相关政策文本分析和研究文献的梳理,从政策制度、政府行为、项目情况和企业能力四个层面分别辨识出了相应的影响因素。其次,结合社会资本参与城市更新的系统架构设计,基于社会资本参与意愿的演化路径分析,构建了社会资本参与城市更新意愿的系统动力学演化模型,解决了社会资本参与意愿的动态演化定量分析难题,实现了更为直观科学的关联强度表征,并通过 AHP-CRITIC 组合赋权法得出模型相关参数,进一步增加了因素赋权的客观性和准确性。最后,以分析出的社会资本参与城市更新的主要困境为核心,结合政策制度和政府行为的仿真结果,分别从顶层设计、政企协作与资源配给等方面提出了针对性的激励策略,形成一条较为完整的社会资本参与城市更新的持续激励路径。综上所述,本章的主要结论如下。

(1)针对社会资本参与城市更新的影响因素辨识问题,本章基于政策文本分析和研究文献梳理,从政企协作框架下的"政府行为""政策制度""项目情况"和"企业能力"四个层面识别出社会资本参与城市更新的 27 个主要影响因素。

(2)针对社会资本参与城市更新的影响逻辑机理分析问题,本章结合已识别的影响因素,构建社会资本参与城市更新的影响因素系统动力学模型,并利用计算权重对模型中的变量系数进行赋值。基于组合权重水平分析发现,27 个影响因素中,"项目投资回报""税收减免""政府财政水平""项目建设成本""项目后期导入与运营""企业融资能力""企业财务状况""公开遴选社会资本的机制""金融机构信贷支持"和"建立专项统筹部门"等因素对社会资本参与城市更新的意愿的影响最大,而"企业技术水平""政府履约精神""企业社会责任感""政策宣传"等因素对于社会资本参与城市更新意愿的影响相对较小。

(3)探明了各影响因素作用下社会资本参与意愿的变化发展趋势。模拟仿真结果分析发现,影响因素中政府行为层面的"公开遴选社会资本"和"建立统筹部门"执行程度的提升分别会将仿真最终时间的社会资本参与意愿由相对值 2.81 提升至 3.24 和 3.22,政策制度"税收减免力度"提高一倍后,仿真最终时间的社会资本参与意愿由相对值 2.81 提升至 3.05。

(4)针对社会资本参与城市更新的持续激励策略构建问题,结合利益相关者理论及激励理论的综合应用,基于模型仿真结果分析,从顶层设计、协同合作、资源配给三方面分别提出了政府激励社会资本参与城市更新的策略,主要包括:强化城市更新项目盈利点,创新社会资本参与模式,健全配套政策完备性,强化属地政策衔接度,发挥政府职能主导性,提升政企合作契合度。

第 5 章　老旧小区改造协商治理影响因素与对策研究——以南京市为例

5.1　基于扎根理论的老旧小区改造协商治理影响因素识别

5.1.1 扎根理论适用性分析

老旧小区改造情况各不相同,历史遗留问题多,个体差异性大,需要量身制定改造方案。协商治理常用于公共管理方向的研究,多是非量化的性质。老旧小区改造目前研究成果,大多是基于具体案例或者是社区试验等实践探索,这样的研究需要采取归纳方式总结。采用程序化扎根理论可以全面丰富地观察人、事情之间的互动与联系,更加科学,契合本章研究目的。

5.1.2 数据资料收集

5.1.2.1 资料收集思路

本章的研究对象为老旧小区,采取半结构化访谈法、文本分析法对现象进行识别,归纳出影响因素。先访谈居民了解案例项目概况,对研究问题有个初步判断,然后通过访谈参与主体,进一步筛选、调整、补充老旧小区改造协商治理的影响因素,再对扎根理论归类汇总出的因素进行饱和度检验,最终识别出合适的老旧小区改造协商治理的影响因素,确保真实准确地反映出老旧小区改造协商治理的特点和发展现状。

5.1.2.2 资料收集来源

本章调研样本为 2021 年南京市主城六区改造名单内的小区,每个区随机选取 3 个小区,共计 18 个小区;本章基于扎根理论识别影响老旧小区改造协商的因素,结合协商治理做法流程,分析老旧小区改造协商机制体系。本研究对资料进行梳理,最终得到 265 条记录。

（1）文献资料收集

首先通过学校图书馆知网数据库文献资源、Elsevier、学位论文、期刊杂志、相关书籍等数据库,查阅相关文献,了解老旧小区改造及协商治理的概念和特点。

（2）访谈资料收集

整理分析老旧小区改造及协商治理的文献资料,优化访谈的提纲,并进行老旧小区改造协商治理影响因素的半结构化访谈,将访谈记录的内容,作为开放编码概念化范畴的增补。

第一,访谈提纲的设计。对于访谈资料收集,主要参考南京市老旧小区改造典型案例,同时结合新闻报道、新闻评论等资料设计访谈提纲。本章访谈采用半结构化访谈,尽量多了解老旧小区改造中访谈人的想法。

第二,访谈对象的选择。从理论角度考虑,样本越多,理论的饱和度越高。学者 Fassinger 认为,访谈对象合适的数目在 20—30 左右,本研究选取 27 个。选取要求,第一,其应该具备老旧小区改造协商治理的相关经历或知识;第二,在说明研究目的的基础上,获得访谈对象的同意。

本研究的数据收集,在调研样本小区中,一共选取了 27 名访谈对象进行访谈,这 27 名受访对象都具备了老旧小区改造协商治理的经验或知识,具体包括了：10 位小区居民,6 位业主代表,3 位社区工作人员,2 位街道人员,4 位物业工作人员和 2 位施工单位人员。

第三,访谈的实施。正式访谈前,先预访谈,有不合适的地方,及时修改,完善访谈提纲;正式访谈时,仔细沟通,记录被访谈者对影响因素的看法。

5.1.3 扎根编码分析

5.1.3.1 开放编码

开放编码是指对原始数据进行分离、抽取,给原始数据以新的定义、新的概念,并抽取出初始的编码概念。这些最基本的语义单位,就是最初的概念编码。经过反复比对筛选,最终抽取出 14 个范畴,87 个概念,如表 5-1 所示。

表 5-1　开放编码表

访谈原始语句	开放编码	
	概念化	范畴化(影响因素)
区房管局摸排全区所有老旧小区,推进老旧小区物业管理全覆盖,实现长效治理模式	推行协商的背景	社区自身特征
无物业的小区,居民公共事务参与度不高;有物业的小区,居民与物业关系一般,小矛盾累积,形成了恶性循环	协商主体间的关系不好	
以前小区的事情,老是扯皮,后来小区疫情防控事情上面,相互沟通协调挺好的	居委会、业委会、物业三方的合作能力有待考验	
市住建局出台的政策文件导向虽然好,但是对我们小区的有些实际情况不适用	老旧小区改造政策不适用	
居民不了解协商情况,协商各方还是了解议事会的	居民对议事会不了解	
议事代表要擅长沟通协商,他们既要能协商,敢讲话,还要能把事情说到重点上	议事代表不易推选	
议事代表在推动小区的协商,居民不大参与	议事代表推动费劲	
有业委会的小区,一般是安排业主代表参会。没有业委会的小区,一般由居民和楼栋长在召开的议事会上选出居民代表	议事代表人员构成	

激活城市活力——中国式现代化背景下城市更新与市地整理研究

访谈原始语句	开放编码	
	概念化	范畴化（影响因素）
我们小区是以前木材厂职工宿舍，地方太小；老住户大家相互还蛮熟悉的，就是没得物业管，平常一到下班时间，电动车到处停，路都不好走	小区无人管理	历史遗留问题
我们这个房子是以前机床厂的公房，单位在 2000 年实行改制，后来倒闭腾退，我们这边就没人管了，房子漏雨都是自己掏钱修的	漏雨漏水无人修	
我们小区租金便宜，有不少上班的年轻人和做生意的人在这边租房子	小区人员复杂	
小区现在没有物业公司，没有保安，就有两个保洁；小区都是敞开式的，人员随便进出	小区治理水平一般	
我们社区这边，目前准备引入恒泰物业，街道掏钱兜底，来管理小区，服务居民	社区无奈，兜底服务居民	
小区每年会收到些租金，但其他方面收入不归小区，没有多少钱能用	小区的收入补贴有限	
小区公共资金，一般用在维修路灯、屋面平改坡、楼顶清洗水箱、增设健身器材，开销看起来不起眼，一年算下来不老少的嘞	小区日常维修花费大	
我们楼前年申请加装电梯，后来政府取消加梯补贴，电梯公司没收到进度款就撤走了，工程干了一半没管人，现在搞得乱七八糟	旧楼加梯工程烂尾	
改造前，在小区门口看到过告示，其他情况不清楚	协商活动宣传不多	协商宣传引导
区民政办邀请南大教授的讲座，我去听过一次，叫"有事好商量，众人事情由众人商量"；后面听讲有活动，但也不知道什么时候办的	协商培训通知不及时	
我们社区工作人员少，平常事情多，街道开的协商培训会，我听过两次，后来没时间就没去了	基层工作人员没有协商培训意识	

续　表

访谈原始语句	开放编码	
	概念化	范畴化（影响因素）
牵头人是主心骨,社区组织牵头搞的好,社区改造效果会更加符合居民意见	牵头人在协商中的角色	
改造协调会,我们社区是业委会组织的,之前4单元加装电梯,就是他们帮忙牵头的	业委会牵头协调	
小区改造协商,每次都要社区杨科长来对接交底社区具体情况	社区居委会对接	
我们小区人蛮团结,改造的大体项目,业主代表都能反馈到议事会讨论	议事会主导协商	
这个村没人管,平常改造都是我们物业在联系施工单位,不搞不行诶,现在改造不好,后面维修也是我们受罪	社区物业协调改造工作	
社区党支部,凝聚老党员,促进改造协商,推进改造进度	社区党支部促进协商	协商牵头人
街道办在春节后就联系白房公司,召集各方协商解决小区停车难	街道办组织联系	
小区有互助会,经常会搞文体活动,今年小区改造是互助会的几位老干部在操心联系	社区社会组织联系	
小区改造的公告,楼栋长会通知到每户,居民七嘴八舌意见多,却没人出来主持挑头	居民意见多	
居民都想新建充电车棚,但都不愿意车棚修在自己家楼下	居民"搭便车"心理普遍	
在我们楼前面修充电车棚,我们一开始就是强烈反对的,车子进进出出吵死个人	居民过度重视私利	
老小区这么多年下来,各有各的问题,协商很有必要。协商好的小区,改造效果不错的	改造效果受参与主体影响	
来参加协商的,有楼栋长、业主代表、物业、社区建设办公室、街道城建科的人	普通居民参与少	居　民
没有物业的社区,情况比较乱;有物业、有业委会的小区,都了解协商的	居民对老旧小区改造协商了解程度差异大	

激活城市活力——中国式现代化背景下城市更新与市地整理研究

访谈原始语句	开放编码	
	概念化	范畴化（影响因素）
我们小区没有业委会，很难协商这些事情，大家只顾个人利益	参与主体难协商	
我们物业有时候会被喊去参加议事会，我们的意见有时候讲了也不管用	协商地位不平等	
小区里面抢停车位，占用公共车棚，吵架的时候，物业会联合楼栋长来调停	协商调停居民日常矛盾	
我们小区是老一批商品房，物业每个月会组织活动，长期都是那拨老头老太太来	年轻人与社区互动少	
小区老年人还是积极参与改造协商，外来的租户垃圾乱倒，门口的建材店一直占用小区空地堆放库存材料，不参与协商	外来住户不参与协商	
小区租户、个体户与小区居民有长期的矛盾	参与主体间矛盾大	
小区的保安、保洁、维修人员，年龄在50岁以上；物业就搞搞保洁和门卫，也没做什么事	物业服务质量低	物业管理单位
老小区居民年纪整体偏大，经济水平较低，且租户多，有的人长期不缴物业费	居民缺乏物业付费习惯	
物业公司收费低，物业费一年300元左右	物业公司微利经营	
街道对小区物业管理不够，缺乏相应的制度和标准，老旧小区改造后维保做的不到位	政府指导不够	
我们是老的拆迁安置片区，社区社会组织少，发挥作用有限	社会组织少	社区社会组织
我们隔壁小区是区政府联系宁好城乡更新促进中心来组织协商议事会，设计师面对面参与，改造效果不错，但是我们小区改造时，街道不愿意多花这个钱	社会组织参与不足	
社区有老年服务队，有义工组织，老年广场舞队，我们没听说哪个组织来参与改造协商的	社区组织功能片面	

续　表

访谈原始语句	开放编码	
	概念化	范畴化(影响因素)
不少住户家墙都渗水,重做修修外立面,喷涂真石漆,物美价廉,别的小区做的效果看着还可以	外立面翻新	改造项目
天上跟蜘蛛网一样,这次改造,要改改网线电线,重新布水管,布弱电桥架	水电暖布线	
我们小区 6 栋不均匀沉降达 30 厘米,区里住建局招标进行消险加固	结构加固	
小区的路,都是补丁,坑坑洼洼,小孩子容易绊倒	道路整修	
有时候回来晚了,根本没地方停车,要停到老远的停车场去	增设停车位	
有的居民把车棚车位长期占用成自己家私人位置	清理多年违建	
玄武区月苑小区改造,整治飞线充电,引进共享充电桩,还是蛮方便的	建立充电桩	
鼓房集团牵头,多次联合宁海路街道、增梯公司,专题现场研究我们小区 5 号楼的电梯增设工作,最终得到所有住户的理解和支持	电梯加装	
天坛新寓改造时,在单元口增设无障碍坡道,在内楼道加装折叠休息椅,适老化改造真实用	适老化改造	
社区事情会在小区宣传栏、楼道公告栏上面公示	社区宣传栏、楼道公告栏公示宣传	协商载体
小区的事情,手机群里面通知,楼栋维修收费也蛮方便	网上交流平台(QQ群、微信群)通知	
我们小区有公众号,上面会推送街道动态、停车缴费充值、小区买菜配送,我们小区改造动员之前也一直在发消息,很便民	社区微信公众号通知	
现在都很方便,我们有楼栋群、小区群、物业维修群,每户都有人在群里,上次楼栋维修,维修费我直接在群里转给楼栋长了	交流群杂乱	
我们小区是很早之前的拆迁就地安置住宅,住的人员杂,现在没有业委会,没有物业,协商议事很难组织,有事情都是社区联系楼长的	楼栋长通知	

访谈原始语句	开放编码	
	概念化	范畴化（影响因素）
我们小区工作到位透明，议事会组织改造项目事前协商的。协商人员，在 5—9 人单数，有业主代表，物业，社区，街道这几方参与	社区居民议事会组织协商	
我们小区是以前电子厂的家属院，大家相互都很熟悉，有事情都是在社区恳谈会上商量，结果在公告栏公示	社区民主恳谈会沟通	
小区改造的事情，我出门的时候，在小区门口看到的公告，别的啥也不清楚	改造公告形式化	
议事会上次开会是街道组织社区开会，我跟老王大哥作为居民代表参加的	协商参与主体单一	
小区改造，在群里面统计信息的时候，有的居民匿名发言，后来群里的讨论就变成吐槽会	居民表达需求不理性	
在开协商会的时候，部分居民意见随口提，太过随意，有的改造项目牵涉面广，一时半会改造不起来	协商议题不合理	协商制度
我在小区公告栏，看到公示改造项目，前几年已经刷过外墙了，现在怎么又要刷外墙	协商结果方案被质疑	
改造影响我们每天的日常生活，有什么事情要提前告诉我们，路修了半个月还没修好，现在上下班进出小区都是问题	改造施工协调不及时	
改造过，不到一个月，楼道灯又坏了，改造也不管用	改造工程质量验收不到位	
小区改造前，听门卫讲这个事情，也填过问卷，后来就没消息了	协商安排不了了之	
议事会开协商会，我们这栋楼的居民，都明确反对开放侧门，改造完我们这边侧门还是没封，现在小区变成开放式的，无收无管	改造施工有变化	
我们小区老居民组建了议事会，有分歧就举手表决，每次开会都做记录，议事协商章程没听讲	老旧小区改造协商议事缺乏规范	
有时间参与协商的居民不多，但改造的事，还是老早就宣传，希望居民多参与	协商参与激励机制缺乏	

续　表

访谈原始语句	开放编码	
	概念化	范畴化（影响因素）
物业营收只能通过收取物业费、停车费、广告费；小区内场地不能出租给外来摊贩	物业经营有限制	协商组织过程
小区老旧，居民维修电话响个不停；居委会管辖小区楼栋多，小区物业工作好坏，无法做到及时监管	居民需求多	
外墙长期脱皮掉沙，飞线充电，楼下车棚去年发生失火的	潜在安全隐患多	
楼栋长挨家挨户收集想改造的问题，后面反映给业主代表，上会讨论	楼栋长统计耗精力	
我们小区是老的拆迁过渡房，价格不高，二手房卖给外地生意人的比例大，他们大都不参与社区事情	新住户不参与社区事情	协商推进过程
我们小区租客多，他们卫生习惯不好，基本垃圾乱丢，车子随意停，跟他们沟通协调，他们也不听劝	小区外来户，沟通不畅	
我们协商议事都是有规定的，但开过会就没人管了	协商制度执行弱	
路都修好了，才看到工程进度展板，管啥用，车子这个月都被贴了好多次罚款单了	执行的方式不合适	协商结果落实
小区改造完，我家的墙被搞漏水，跟工程队的小李讲过几次了，还没来修，再拖施工队都撤走了	维修响应不及时	
改造过后，我们村河边的树被弄枯好几棵，以前夏天多好的阴凉，现在没得了	改造结果居民不满意	协商监督反馈
我车子停在小区里头，上个月车玻璃被砸坏了，施工队到现在也没给说法	改造施工防护不足	
改造都结束半年了，房管局还没来验收工程	监督验收拖延	
改造的时候，小区花坛修得很好看，但是非常鸡肋，小区地方本来就小，现在花坛修过后，私家车不好停，门口的那一排门面房也嫌花坛碍事	改造项目不合理	
区里面增梯办已解散，我们这栋楼的电梯加装工程烂尾，都放在这边 3 年了，现在改造也没人管	历史遗留问题无人过问	

访谈原始语句	开放编码	
	概念化	范畴化（影响因素）
3号楼一楼老大爷养信鸽，协商不了，经常提醒老大爷要搞好卫生，过段时间又是臭烘烘，都是邻居，不能每天跟他吵架吧	协商难题未解决	

5.1.3.2 主轴编码

主轴编码，通过再次提炼初始范畴，发现范畴间的更深的关联，尽量将相似的范畴归纳到同一个核心范畴中。主范畴部分，本章归纳出5个，如表5-2所示。

表5-2　主轴编码表

相关概念	主轴编码	
	副范畴（影响因素）	主范畴
推行协商的背景；协商主体间的关系不好；居委会、业委会、物业三方的合作能力有待考验；老旧小区改造政策不适用；居民对议事会不了解；议事代表不易推选；议事代表推动费劲；议事代表人员构成	社区自身特征	协商动因
小区无人管理；漏雨漏水无人修；小区人员复杂；小区治理水平一般；社区无奈，兜底服务居民；小区的收入补贴有限；小区日常维修花费大；旧楼加梯工程烂尾	历史遗留问题	
协商活动宣传不多；协商培训通知不及时；基层工作人员没有协商培训意识	协商宣传引导	
牵头人在协商中的角色；业委会牵头协调；社区居委会对接；议事会主导协商；社区物业协调改造工作；社区党支部促进协商；街道办组织联系；社区社会组织联系；居民意见多；居民"搭便车"心理普遍；居民过度重视私利	协商牵头人	协商主体
改造效果受参与主体影响；普通居民参与少；居民对老旧小区改造协商了解程度差异大；参与主体难协商；协商地位不平等；协商调停居民日常矛盾；年轻人与社区互动少；外来住户不参与协商；参与主体间矛盾大	居　民	

激活城市活力——中国式现代化背景下城市更新与市地整理研究

续　表

相关概念	主轴编码	
	副范畴(影响因素)	主范畴
物业服务质量低;居民缺乏物业付费习惯;物业公司微利经营;政府指导不够	物业管理单位	
社会组织少;社会组织参与不足;社区组织功能片面	社区社会组织	
外立面翻新;水电暖布线;结构加固;道路整修;增设停车位;清理多年违建;建立充电桩;电梯加装;适老化改造	改造项目	协商内容
社区宣传栏、楼道公告栏公示宣传;网上交流平台(QQ群、微信群)通知;社区微信公众号通知;交流群杂乱;楼栋长通知;社区居民议事会组织协商;社区民主恳谈会沟通	协商载体	协商形式
改造公告形式化;协商参与主体单一;居民表达需求不理性;协商议题不合理;协商结果方案被质疑;改造施工协调不及时;改造工程质量验收不到位;协商安排不了了之;改造施工有变化;老旧小区改造协商议事缺乏规范;协商参与激励机制缺乏	协商制度	
物业经营有限制;居民需求多;潜在安全隐患多;楼栋长统计耗精力	协商组织过程	协商流程
新住户不参与社区事情;小区外来户,沟通不畅	协商推进过程	
协商制度执行弱;执行的方式不合适;维修响应不及时	协商结果落实	
改造结果居民不满意;改造施工防护不足;监督验收拖延;改造项目不合理;历史遗留问题无人过问;协商难题未解决	协商监督反馈	

5.1.3.3 选择编码

选择编码,通过分析范畴间的关系,得到核心范畴,形成新的理论体系。本章核心范畴,如表 5-3 所示。

表 5-3　选择编码表

相关副范畴(影响因素)	选择编码	
	主范畴	核心范畴
社区自身特征	协商动因	治理基础
历史遗留问题		
协商宣传引导		
协商牵头人	协商主体	
居　民		
物业管理单位		
社区社会组织		
改造项目	协商内容	治理方向
协商载体	协商形式	
协商制度		
协商组织过程	协商流程	
协商推进过程		
协商结果落实		
协商监督反馈		

　　根据选择编码表,建立识别出的老旧小区改造协商治理影响因素清单,如表 5-4 所示。

表 5-4　影响因素清单

序号	影响因素	序号	影响因素
S1	社区自身特征	S8	协商载体
S2	历史遗留问题	S9	协商制度
S3	协商宣传引导	S10	协商组织过程
S4	协商牵头人	S11	改造项目
S5	居民	S12	协商推进过程
S6	物业管理单位	S13	协商结果落实
S7	社区社会组织	S14	协商监督反馈

　　根据上述编码结果可知,扎根理论归纳出 14 个副范畴,5 个主范畴,2 个核心范畴。根据范畴间的关系,建立老旧小区改造协商治理影响因

素框架,如图 5-1 所示。我们可以大致了解到老旧小区改造协商治理影响因素共有 14 个,分布在协商动因、协商主体、协商内容、协商形式、协商流程这五个方面。影响因素间的相互关系暂时还不清楚,下文将作详细分析。

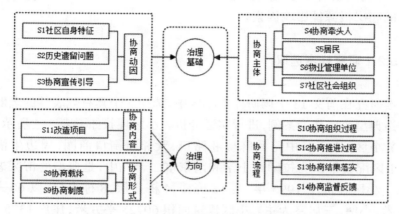

图 5-1　老旧小区改造协商治理影响因素框架

5.1.3.4 理论饱和度检验

理论饱和度检验是指当无法获得新的数据来进一步发展新的范畴时,也就是达到理论饱和,不用再补充,可以停止分析的依据。本研究资料覆盖广泛,分别来自于不同小区,不同的参与方,保证了数据的针对性和全面性。原始资料随机选择 3/4 进行编码,剩余的 1/4 留作理论饱和度检验,重复操作后未出现新的范畴,理论框架达到饱和。

5.2　基于 ISM 的老旧小区改造协商治理影响因素结构关系分析

从上文研究可以看出,老旧小区改造协商的实施受到诸多因素的制约。在对其进行编码时,我们发现尽管各因素的含义不同,但它们之间有着某种联系。在这些影响路径中,各影响因素之间的作用不但可以直接影响到改造项目的选择,也可以影响到协商结果的落实,间接地影响到施工进度,造成工期延误和改造效果不理想等后果。本章采用解释结构模型(ISM)法,定性分析出老旧小区改造协商治理影响因素的传递路径,并确定出各因素之间的层级关系,找出对老旧小区协商改造影响最大的底层根源性影响因素。

5.2.1 研究样本选取

本研究在前文 18 个调研样本小区中,选择 3 个具有代表性的老旧小区改造典型小区作为案例,进行实证分析。小区现状如下表 5-5 所示。

Y 小区,位于汉中路和牌楼巷路口,紧邻新街口商圈,周边生活方便;小区配套学区为拉萨路小学和南京市二十九中,是典型的市区老破小区。小区建成于 1995 年,共 12 栋楼,4 栋高层,8 栋多层,以 60—78 平方米,小两、三居室为主。小区建筑面积 60728 平方米,住户 1325 户,但无固定车位,仅有 150 个车位,先到先停,车位矛盾由来已久。

S 小区,位于秣陵路与王府大街路口,紧邻王府大街,配套齐备。小区由南京白下城建于 1994 年拆址新建,建筑面积 59300 平方米,小区住户 619 户。小区类型为拆迁原址的动迁安置房和房改房,小区居民收入水平较低,老旧小区改造前小区没有物业公司管理,日常保洁,由街道办事处代管维护,是典型的政府兜底托管小区。

D 小区,位于建邺区沿河街湖西街至文体路正西方,小区地处南湖居民生活区,生活便捷。小区建成于 20 世纪 80 年代末期,建设年代久远,由南京市城建开发集团建设,是南京市第一批商品房小区,当时作为在宁台商台胞配套服务设施。小区建筑面积约为 109300 平方米,小区住户 1642 户。2000 年以后二手房购买人多为附近机关、企事业单位职工等,小区业主素质及文化水平较高。小区居民凝聚力较强,小区业委会在小区管理中起到重要作用。

表 5-5　调研案例小区概况

建成年份	小区	建筑面积(㎡)	住户
1995	Y 小区	60728	1325
1994	S 小区	59300	619
1989	D 小区	109300	1642

5.2.2 影响因素 ISM 分析

5.2.2.1 ISM 法概述

解释结构模型(ISM),是美国系统工程专家 J. 华费尔在 1970 年代提出的一种系统分析方法,它具有直观、清晰地定义复杂系统中各要素的关系的特征,是一种结构化的模型。ISM 分析过程,首先,将复杂的关系模糊的系统划分为几个子系统,然后利用计算机技术对系统的总体和各个子系统进行结构化的分析,并将其划分建立多级阶梯结构。

老旧小区改造协商治理影响因素是琐碎、复杂、无序的,各因素的影响程度各不相同,并相互传递、互相影响。解决这样复杂系统的问题,难点在于弄清楚什么是需要解决的问题、什么是表面问题、什么是根源性的问题。ISM 模型的优点在于能够用图形等直观的方式,建立要素间的相互关系,将无序的系统变成一个有序的具有清晰层次结构的有向图。因此,ISM 模型具有独有优势,为研究影响因素传导路径提供了方向。

5.2.2.2 ISM 分析原理

(1)有向图

有向图,这个用来描述系统结构最简单。有向图是用节点和有向弧相互连接成的,用来表达系统的结构:节点代表了系统的组成要素,常以一个有标记的圆来代表;有向弧代表元素间的关系。

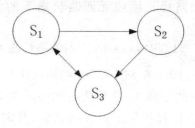

图 5-2　有向图示法举例

如图 5-2 所示,这个系统体系包括三个要素: S_1, S_2, S_3 ,按箭头指示, S_1 对 S_2 有影响, S_2 对 S_3 有影响, S_3 与 S_1 互为影响。

系统结构集合表达,如下:

$$S = \{S_1, S_2, ..., S_n\}$$

$$R = \{ (S_i, S_j)|S_i, S_j \in S, S_iRS_j, i, j = 1, 2, ..., n\}$$ （5.2.1）

R 表示 S_i, S_j 有某种二元关系。

该模型可以根据专家的经验判断,运用有向图进行一些数学计算,以直观地展示事物内部的复杂关系,并给出系统的求解方案。由于计算量很大,因此在建立这种方法时,往往要依靠计算机进行辅助计算。

（2）邻接矩阵

邻接矩阵 A 是表示要素间关系的方阵 $A = (a_{ij})_{n \times n}$。

各影响因素的相关关系由阿拉伯数字"1""0"表示。如果一个系统包含 n 个元素,那么这个相邻矩阵就是 $n \times n$ 阶,若 S_i 对 S_j 有关系,那么 a_{ij} 是 1,若 S_i 对 S_j 没有关系,那么 a_{ij} 是 0。即其定义式为:

$$a_{ij} = \begin{cases} 1, & S_iRS_j或（S_i, S_j）\in R_b （S_i对S_j有某种二元关系） \\ 0, & S_i\overline{R}S_j或（S_i, S_j）\notin R_b （S_i对S_j没有某种二元关系） \end{cases}$$ （5.2.2）

邻接矩阵,是一种数字形式的关联矩阵,彼此之间有一一对应,但表现形式不同。

根据上式规则,如图 5-1 所示的有向图对应的 3 阶矩阵表达式为:

$$A = \begin{array}{c} \\ S1 \\ S2 \\ S3 \end{array} \begin{bmatrix} S1 & S2 & S3 \\ 0 & 1 & 1 \\ 0 & 0 & 1 \\ 1 & 0 & 0 \end{bmatrix}$$

（3）可达矩阵（ M ）、缩减矩阵 M' 和骨架矩阵 M''

可达矩阵（ M ）代表元素间任意次转移的二元关系,或者在有向图中,两个结点间的任何一条长路径都能到达的情形的 n 阶阵。若 $M = (m_{ij})_{n \times n}$,且最大路径长度或无回路状态下的传递次数是 r ,即有 $0 \le t \le r$,其定义式是:

$$m_{ij} = \begin{cases} 1, S_iR^tS_j（存在着i至j的路长最大为r的通路） \\ 0, S_i\overline{R}^tS_j（不存在i至j的通路） \end{cases}$$ （5.2.3）

邻接矩阵 A 与可达矩阵 M 都是按布尔矩阵法则计算的 n 阶 0-1 方阵。可达矩阵 M 是由计算相邻矩阵 A 得到的,其定义式是:

$$(A + I)^{r-1} \neq (A + I)^r = (A + I)^{r+1}$$ （5.2.4）

$$M = (A + I)^r$$ （5.2.5）

I 为 A 的单位矩阵,代表要素本身到达; r 是最大传递次数。

在任意一个给定的系统中,邻接矩阵 A 只能具有一个可达矩阵,而可达矩阵 M 的邻接矩阵却不止一个。

缩减矩阵 M'。基于强连接要素的可替代性,在现有可达矩阵 M 中,将连接关系强的那一组要素视为一个要素,把那一组里某个特定代表性的要素留下来,去掉行与列中剩余的,即得到 M 的缩减矩阵 M'。

骨架矩阵 M''。对于给定的体系,邻接矩阵 A 的可达矩阵 M 只有一个,但是,为了达到可达矩阵 M,其可以有许多邻接矩阵 A。我们把可达矩阵 M、二元关系最少的邻接矩阵,称为 M 的骨架矩阵,记作 M'',用来表示传递精简关系。

（4）建模方法

在获得可达矩阵 M 之后,通常要经历五个步骤,来构建一个多层次的结构模型。该流程将涉及以下几个集合:

①可达集 $R(S_i)$。在可达矩阵中,由 S_i 可到达系统的各个要素组成的集合,是系统要素 S_i 的可达集,用 $R(S_i)$ 表示。其定义式是:

$$R(S_i) = \{S_i \,|\, S_j \in S, m_{ij} = 1, j = 1,2,...,n\}, i = 1,2,...,n \quad (5.2.6)$$

②先行集 $A(S_i)$。在可达矩阵中,可到达 S_i 的系统的各个要素组成的集合,是系统要素 S_i 的先行集,用 $A(S_i)$ 表示。其定义式是:

$$A(S_i) = \{S_j \,|\, S_j \in S, m_{ji} = 1, j = 1,2,...,n\}, i = 1,2,...,n \quad (5.2.7)$$

③共同集 $C(S_i)$。在可达集或先行集的公共部分,系统要素 S_i 的共同集是 S_i,也就是说,是交集,用 $C(S_i)$ 表示。其定义式是:

$$C(S_i) = \{S_j \,|\, S_j \in S, m_{ij} = 1, m_{ji} = 1, j = 1,2,...,n\}, i = 1,2,...,n \quad (5.2.8)$$

④起始集 $B(S)$。$B(S)$ 它是系统的输入要素。在系统要素的集合 S 中,仅对(到达)它的要素,而不会受到其它要素的影响(不会被其它要素到达)的要素组的集合,是系统要素集合 S 的起始集,用 $B(S)$ 表示。其定义式是:

$$B(S) = \{S_i \,|\, S_i \in S, C(S_i) = A(S_i), i = 1,2,...,n\} \quad (5.2.9)$$

⑤区域内级位划分。在可达矩阵 M 基础上,构建的模型,必须对可达矩阵 M 中每个单元进行分解,以确定其层次。

系统要素集合中的最高级要素,也就是系统的终止集要素。级位基本的划分方式是,先找出整个系统的终止集要素,然后把它们剔除,再求得其余要素集合的最高级要素。轮流依次往下,直到找到最低一级要素的集合,用 L_1 表示。

接下来,让 $L_0 = \emptyset$(最高级要素的集合是 L_1,无零级的要素),以下依次是

$$L_1 = \left\{ S_i \mid S_i \in P - L_0, C_0(S_i) = R_0(S_i), i = 1, 2, \ldots, n \right\}$$

$$L_2 = \left\{ S_i \mid S_i \in P - L_0 - L_1, C_1(S_i) = R_1(S_i), i < n \right\}$$

$$\cdots\cdots \qquad (5.2.10)$$

$$L_k = \left\{ S_i \mid S_i \in P - L_0 - L_1 - \cdots - L_{k-1}, C_{k-1}(S_i) = R_{k-1}(S_i), i < n \right\}$$

（5）ISM 工作步骤

通常,执行 ISM 方法的步骤:

①成立 ISM 工作小组,小组成员为领域内的专家及有丰富经验的从业人员,并选出一名小组长。

②明确问题的解决和研究的方向。

③落实体系的组成元素。通过文献研究、访谈调查、专家分析、头脑风暴等方法初步识别、汇总出研究问题的要素,将识别出的要素进行分类,并组织 ISM 工作小组逐一分析、修改,剔除不适当的要素,添加新的研究内容,最后形成一个完整的要素清单。

④依据所定下来的要素清单,将其交给 ISM 工作小组进行相关分析和逻辑判定,以二元关系表达法,用"0"代表各要素间无相关性,用"1"代表各要素间存在关系,从而得出所有要素的二元关系表,也就是关联矩阵。

⑤根据二元关系表和邻接矩阵之间的转换规律,构建邻接矩阵。

⑥通过将邻接矩阵和单位矩阵相加,求出初始可达矩阵,借助数学软件 MatLab 计算,求出最终的可达矩阵。

⑦在可达矩阵的基础上,求出系统要素的可达集、先行集、共同集,并按规则进行层次分解,首先对各个层次的要素进行了分类。

⑧以可达矩阵 M 的关系为准则,画出多级递阶有向图。

⑨建立解释结构模型。

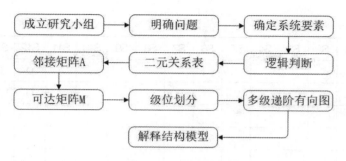

图 5-3　ISM 建模流程图

5.2.2.3 确定影响因素相互关系

本章主要研究南京市老旧小区改造协商治理影响因素间的作用关系,根据老旧小区改造协商治理影响因素框架,确定了 14 个要素,分别为 S1 社区自身特征, S2 历史遗留问题, S3 协商宣传引导, S4 协商牵头人, S5 居民, S6 物业管理单位, S7 社区社会组织, S8 协商载体, S9 协商制度, S10 协商组织过程, S11 改造项目, S12 协商推进过程, S13 协商结果落实, S14 协商监督反馈,它们相互影响,相互联系。

在此基础上,编制打分表,发放给老旧小区改造协商议事有经验的人员,根据打分表,建立解释结构模型。本次从各参与方中选择 9 名代表,组成专家小组,经过多次沟通交流,采用 2/3 以上认同的关系作为判定结果,建立影响因素二元关系表,如表 5-6 所示。

表 5-6　老旧小区改造协商治理影响因素关系表

因素	S1	S2	S3	S4	S5	S6	S7	S8	S9	S10	S11	S12	S13	S14
S1		O	∧	∧	O	O	O	O	∧	O	O	O	O	O
S2			O	∧	O	O	O	∧	O	∧	O	O	O	O
S3				O	∧	O	∧	O	∧	O	O	O	O	O
S4					∧	∧	O	O	O	∧	O	O	O	O
S5						O	O	O	∧	∧	∧	O	O	O
S6							O	O	O	O	O	O	O	O
S7								∧	O	∧	O	O	O	O
S8									∧	∧	O	O	O	O
S9										O	O	O	∧	∧

因素	S1	S2	S3	S4	S5	S6	S7	S8	S9	S10	S11	S12	S13	S14
S10											∧	o	o	o
S11												o	∧	∧
S12													∧	∧
S13													.	×
S14														

符号释义：

$S_i \times S_j$，表明 S_i 与 S_j，互相影响。

$S_i O S_j$，表明 S_i 与 S_j，互不影响。

$S_i \wedge S_j$，表明 S_i 影响 S_j，S_j 不影响 S_i；

$S_i \vee S_j$，表明 S_i 不影响 S_j，S_j 影响 S_i。

5.2.2.4　构建矩阵关系

将邻接矩阵按上述公式处理，影响因素的二元关系通过"0"和"1"表达。若有 n 个因素，那么就构成 $n \times n$ 阶邻接矩阵，将影响因素二元关系表转化处理，得到老旧小区改造协商治理影响因素的邻接矩阵 A。

$$A = \begin{array}{c} \\ S1 \\ S2 \\ S3 \\ S4 \\ S5 \\ S6 \\ S7 \\ S8 \\ S9 \\ S10 \\ S11 \\ S12 \\ S13 \\ S14 \end{array} \begin{bmatrix} S1 & S2 & S3 & S4 & S5 & S6 & S7 & S8 & S9 & S10 & S11 & S12 & S13 & S14 \\ 0 & 0 & 1 & 1 & 0 & 0 & 0 & 0 & 1 & 0 & 0 & 0 & 0 & 0 \\ 0 & 0 & 0 & 1 & 0 & 0 & 0 & 1 & 0 & 1 & 0 & 0 & 0 & 0 \\ 0 & 0 & 0 & 0 & 1 & 0 & 1 & 0 & 1 & 0 & 0 & 0 & 0 & 0 \\ 0 & 0 & 0 & 0 & 1 & 0 & 0 & 0 & 0 & 1 & 0 & 0 & 0 & 0 \\ 0 & 0 & 0 & 0 & 0 & 0 & 0 & 1 & 0 & 1 & 1 & 1 & 0 & 0 \\ 0 & 0 & 0 & 1 & 0 & 0 & 0 & 0 & 0 & 1 & 0 & 0 & 0 & 0 \\ 0 & 0 & 0 & 0 & 0 & 0 & 0 & 1 & 0 & 1 & 0 & 0 & 0 & 0 \\ 0 & 0 & 0 & 0 & 0 & 0 & 0 & 0 & 0 & 1 & 0 & 0 & 0 & 0 \\ 0 & 0 & 0 & 0 & 0 & 0 & 0 & 1 & 0 & 0 & 0 & 0 & 1 & 1 \\ 0 & 0 & 0 & 0 & 0 & 0 & 0 & 0 & 0 & 0 & 0 & 0 & 0 & 0 \\ 0 & 0 & 0 & 0 & 0 & 0 & 0 & 0 & 0 & 1 & 0 & 0 & 1 & 1 \\ 0 & 0 & 0 & 0 & 0 & 0 & 0 & 0 & 0 & 0 & 0 & 0 & 1 & 1 \\ 0 & 0 & 0 & 0 & 0 & 0 & 0 & 0 & 0 & 0 & 0 & 0 & 0 & 1 \\ 0 & 0 & 0 & 0 & 0 & 0 & 0 & 0 & 0 & 0 & 0 & 0 & 1 & 0 \end{bmatrix}$$

可达矩阵反映了各要素之间的作用过程。领接矩阵 A 与单位矩阵 I 相加,把($A+I$)矩阵通过多次布尔运算,当

$$(A+I)^{k-1} \neq (A+I)^{k} = (A+I)^{k+1} \qquad (5.2.11)$$

得到可达矩阵,为:

$$M = (A+I)^{k} \qquad (5.2.12)$$

邻接矩阵 A 与单位矩阵 I 相加,得($A+I$)如下:

$$A+I =$$

	S1	S2	S3	S4	S5	S6	S7	S8	S9	S10	S11	S12	S13	S14
S1	1	0	1	1	0	0	0	0	1	0	0	0	0	0
S2	0	1	0	1	0	0	0	1	0	1	0	0	0	0
S3	0	0	1	0	1	0	1	0	1	0	0	0	0	0
S4	0	0	0	1	1	0	0	0	0	1	0	0	0	0
S5	0	0	0	0	1	0	0	1	0	1	1	1	0	0
S6	0	0	0	1	0	1	0	0	0	0	1	0	0	0
S7	0	0	0	0	0	0	1	1	0	1	0	0	0	0
S8	0	0	0	0	0	0	0	1	0	1	0	0	0	0
S9	0	0	0	0	0	0	0	1	1	0	0	0	1	1
S10	0	0	0	0	0	0	0	0	0	1	0	0	0	0
S11	0	0	0	0	0	0	0	0	0	1	1	0	1	1
S12	0	0	0	0	0	0	0	0	0	0	0	1	1	1
S13	0	0	0	0	0	0	0	0	0	0	0	0	1	1
S14	0	0	0	0	0	0	0	0	0	0	0	0	1	1

通过计算,得到:

$$(A+I) \neq (A+I)^{2} \neq (A+I)^{3} \neq (A+I)^{4} = (A+I)^{5}$$

即影响因素的可达矩阵,为

$$M = (A+I)^{4}$$

$$M = \begin{bmatrix} & S1 & S2 & S3 & S4 & S5 & S6 & S7 & S8 & S9 & S10 & S11 & S12 & S13 & S14 \\ S1 & 1 & 0 & 1 & 1 & 1 & 0 & 1 & 1 & 1 & 1 & 1 & 1 & 1 & 1 \\ S2 & 0 & 1 & 0 & 1 & 1 & 0 & 0 & 1 & 0 & 1 & 1 & 1 & 1 & 1 \\ S3 & 0 & 0 & 1 & 0 & 1 & 0 & 1 & 1 & 1 & 1 & 1 & 1 & 1 & 1 \\ S4 & 0 & 0 & 0 & 1 & 1 & 0 & 0 & 1 & 0 & 1 & 1 & 1 & 1 & 1 \\ S5 & 0 & 0 & 0 & 0 & 1 & 0 & 0 & 1 & 0 & 1 & 1 & 1 & 1 & 1 \\ S6 & 0 & 0 & 0 & 1 & 1 & 1 & 0 & 1 & 0 & 1 & 1 & 1 & 1 & 1 \\ S7 & 0 & 0 & 0 & 0 & 0 & 0 & 1 & 1 & 0 & 1 & 0 & 0 & 0 & 0 \\ S8 & 0 & 0 & 0 & 0 & 0 & 0 & 0 & 1 & 0 & 1 & 0 & 0 & 0 & 0 \\ S9 & 0 & 0 & 0 & 0 & 0 & 0 & 0 & 1 & 1 & 1 & 0 & 0 & 1 & 1 \\ S10 & 0 & 0 & 0 & 0 & 0 & 0 & 0 & 0 & 0 & 1 & 0 & 0 & 0 & 0 \\ S11 & 0 & 0 & 0 & 0 & 0 & 0 & 0 & 0 & 0 & 1 & 1 & 0 & 1 & 1 \\ S12 & 0 & 0 & 0 & 0 & 0 & 0 & 0 & 0 & 0 & 0 & 0 & 1 & 1 & 1 \\ S13 & 0 & 0 & 0 & 0 & 0 & 0 & 0 & 0 & 0 & 0 & 0 & 0 & 1 & 1 \\ S14 & 0 & 0 & 0 & 0 & 0 & 0 & 0 & 0 & 0 & 0 & 0 & 0 & 1 & 1 \end{bmatrix}$$

5.2.2.5 划分影响因素集合

通过以上计算,在可达矩阵的基础上,对它进行分区和分级。区域划分,是把要素集合 S 分割成相互独立区域 R 的过程,级位划分是确定区域内要素所处层次地位的过程。级位划分是建立多级递阶结构模型的关键。老旧小区改造协商治理影响因素区域划分过程,如表5-7所示。

表5-7 老旧小区改造协商治理影响因素一级划分

因素	可达集 $R(S_i)$	先行集 $A(S_i)$	$C(S_i)=R(S_i)$ $\cap A(S_i)$	$A(S_i)=$ $R(s_i)$
S1	1,3,4,5,7,8,9,10,11,12,13,14	1	1	
S2	2,4,5,8,10,11,12,13,14	2	2	
S3	3,5,7,8,9,10,11,12,13,14	1,3	3	
S4	4,5,8,10,11,12,13,14	1,2,4,6	4	
S5	5,8,10,11,12,13,14	1,2,3,4,5,6	5	
S6	4,5,6,8,10,11,12,13,14	6	6	
S7	7,8,10	1,3,7	7	
S8	8,10	1,2,3,4,5,6,7,8,9	8	

续　表

因素	可达集 $R(S_i)$	先行集 $A(S_i)$	$C(S_i)=R(S_i)$ $\cap A(S_i)$	$A(S_i)=$ $R(s_i)$
S9	8,9,10,13,14	1,3,9	9	
S10	10	1,2,3,4,5,6,7,8,9,10,11	10	10
S11	10,11,13,14	1,2,3,4,5,6,11	11	
S12	12,13,14	1,2,3,4,5,6,12	12	
S13	13,14	1,2,3,4,5,6,9,11,12,13,14	13,14	13,14
S14	13,14	1,2,3,4,5,6,9,11,12,13,14	13,14	13,14

　　从表 5-7 可知,第一级因素 L1={S10、S13、S14},我们暂时将 S10、S13、S14 去除,按同样方法划分第二级因素。

表 5-8　老旧小区改造协商治理影响因素二级划分

因素	可达集 $R(S_i)$	先行集 $A(S_i)$	$C(S_i)=R(S_i)$ $\cap A(S_i)$	$A(S_i)=$ $R(s_i)$
S1	1,3,4,5,7,8,9, 11,12	1	1	
S2	2,4,5,8, 11,12	2	2	
S3	3,5,7,8,9, 11,12	1,3	3	
S4	4,5,8, 11,12	1,2,4,6	4	
S5	5,8,11,12	1,2,3,4,5,6	5	
S6	4,5,6,8, 11,12	6	6	
S7	7,8	1,3,7	7	
S8	8	1,2,3,4,5,6,7,8,9	8	8
S9	8,9	1,3,9	9	
S11	11	1,2,3,4,5,6,11	11	11
S12	12	1,2,3,4,5,6,12	12	12

　　从表 5-8 可知,第二级因素 L2={S8、S11、S12},我们暂时将 S8、S11、S12 去除,按同样方法划分第三级因素。

表 5-9　老旧小区改造协商治理影响因素三级划分

因素	可达集 $R(S_i)$	先行集 $A(S_i)$	$C(S_i)=R(S_i)$ $\cap A(S_i)$	$A(Si)=$ $R(si)$
S1	1,3,4,5,7,9	1	1	
S2	2,4,5	2	2	
S3	3,5,7,9	1,3	3	
S4	4,5	1,2,4,6	4	
S5	5	1,2,3,4,5,6	5	5
S6	4,5,6	6	6	
S7	7	1,3,7	7	7
S9	9	1,3,9	9	9

从表 5-9 可知,第三级因素 L3={S5、S7、S9},我们暂时将 S5、S7、S9 去除,按同样方法划分第四级因素。

表 5-10　老旧小区改造协商治理影响因素四级划分

因素	可达集 $R(S_i)$	先行集 $A(S_i)$	$C(S_i)=R(S_i)$ $\cap A(S_i)$	$A(Si)=$ $R(s_i)$
S1	1,3,4	1	1	
S2	2,4	2	2	
S3	3	1,3	3	3
S4	4	1,2,4,6	4	4
S6	4,6	6	6	

从表 5-10 可知,第四级因素 L4={$S3、S4}$,我们暂时将 S3、S4 去除,按同样方法划分第四级因素。

表 5-11　老旧小区改造协商治理影响因素五级划分

因素	可达集 $R(S_i)$	先行集 $A(S_i)$	$C(S_i)=R(S_i)$ $\cap A(S_i)$	$A(Si)=$ $R(s_i)$
S1	1	1	1	1
S2	2	2	2	2
S6	6	6	6	6

从表 5-11 可知,第五级因素 L5={$S1、S2、S6}$。

经分析,老旧小区改造协商治理影响因素可划分为 5 个层级:第一级 L1={S10、S13、S14}，第二级 L2={S8、S11、S12}，第三级 L3={S5、S7、S9}，第四级 L4={S3、S4}，第五级 L5={S1、S2、S6}。

5.2.2.6　绘制多级递阶结构图

将可达矩阵进行级位划分，将可达矩阵 M 进行重新排列和化简，得到缩减矩阵 M'，如下所示。

$$M'=\begin{array}{c|ccccccccccccc}
 & S10 & S8 & S13 & S7 & S12 & S11 & S9 & S5 & S4 & S6 & S2 & S3 & S1 \\ \hline
S10 & 1 & 0 & 0 & 0 & 0 & 0 & 0 & 0 & 0 & 0 & 0 & 0 & 0 \\
S8 & 1 & 1 & 0 & 0 & 0 & 0 & 0 & 0 & 0 & 0 & 0 & 0 & 0 \\
S13 & 0 & 0 & 1 & 0 & 0 & 0 & 0 & 0 & 0 & 0 & 0 & 0 & 0 \\
S7 & 1 & 1 & 0 & 1 & 0 & 0 & 0 & 0 & 0 & 0 & 0 & 0 & 0 \\
S12 & 0 & 0 & 1 & 0 & 1 & 0 & 0 & 0 & 0 & 0 & 0 & 0 & 0 \\
S11 & 1 & 0 & 1 & 0 & 0 & 1 & 0 & 0 & 0 & 0 & 0 & 0 & 0 \\
S9 & 1 & 1 & 1 & 0 & 0 & 0 & 1 & 0 & 0 & 0 & 0 & 0 & 0 \\
S5 & 1 & 1 & 1 & 0 & 1 & 1 & 0 & 1 & 0 & 0 & 0 & 0 & 0 \\
S4 & 1 & 1 & 1 & 0 & 1 & 1 & 0 & 1 & 1 & 0 & 0 & 0 & 0 \\
S6 & 1 & 1 & 1 & 0 & 1 & 1 & 0 & 1 & 1 & 1 & 0 & 0 & 0 \\
S2 & 1 & 1 & 1 & 0 & 1 & 1 & 0 & 1 & 1 & 0 & 1 & 0 & 0 \\
S3 & 1 & 1 & 1 & 1 & 1 & 1 & 0 & 1 & 0 & 0 & 0 & 1 & 0 \\
S1 & 1 & 1 & 1 & 1 & 1 & 1 & 1 & 1 & 1 & 0 & 0 & 1 & 1 \\
\end{array}$$

接下来，删减掉反身和传递关系，化简得到影响因素骨架矩阵 M''，如下所示。

$$M''=\begin{array}{c|ccccccccccccc}
 & S10 & S8 & S13 & S7 & S12 & S11 & S9 & S5 & S4 & S6 & S2 & S3 & S1 \\ \hline
S10 & 0 & 0 & 0 & 0 & 0 & 0 & 0 & 0 & 0 & 0 & 0 & 0 & 0 \\
S8 & 1 & 0 & 0 & 0 & 0 & 0 & 0 & 0 & 0 & 0 & 0 & 0 & 0 \\
S13 & 0 & 0 & 0 & 0 & 0 & 0 & 0 & 0 & 0 & 0 & 0 & 0 & 0 \\
S7 & 1 & 1 & 0 & 0 & 0 & 0 & 0 & 0 & 0 & 0 & 0 & 0 & 0 \\
S12 & 0 & 0 & 1 & 0 & 0 & 0 & 0 & 0 & 0 & 0 & 0 & 0 & 0 \\
S11 & 1 & 0 & 1 & 0 & 0 & 0 & 0 & 0 & 0 & 0 & 0 & 0 & 0 \\
S9 & 1 & 1 & 1 & 0 & 0 & 0 & 0 & 0 & 0 & 0 & 0 & 0 & 0 \\
S5 & 1 & 1 & 1 & 0 & 1 & 1 & 0 & 0 & 0 & 0 & 0 & 0 & 0 \\
S4 & 1 & 1 & 1 & 0 & 1 & 1 & 0 & 1 & 0 & 0 & 0 & 0 & 0 \\
S6 & 1 & 1 & 1 & 0 & 1 & 1 & 0 & 1 & 1 & 0 & 0 & 0 & 0 \\
S2 & 1 & 1 & 1 & 0 & 1 & 1 & 0 & 1 & 1 & 0 & 0 & 0 & 0 \\
S3 & 1 & 1 & 1 & 1 & 1 & 1 & 0 & 0 & 0 & 0 & 0 & 0 & 0 \\
S1 & 1 & 1 & 1 & 1 & 1 & 1 & 1 & 1 & 1 & 1 & 0 & 0 & 1 \\
\end{array}$$

最终,根据骨架矩阵 M'' 绘制出老旧小区改造协商治理影响因素多级递阶结构图,如图 5-4 所示。

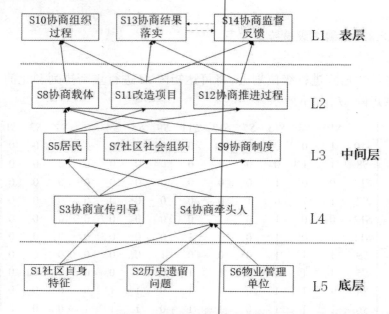

图 5-4　老旧小区改造协商治理影响因素多级递阶结构图

5.2.2.7 ISM 结果分析

根据解释结构模型(ISM)法构建多级递阶结构图,可以在老旧小区改造协商治理影响因素框架的基础上,进一步清楚的看出影响因素之间的相互作用关系。

(1)如图 5-4 中 14 个影响因素一共被分为 5 个层级,自下而上形成了传递路径。L1 层中 S10、S13、S14 为表层影响因素,L2 至 L4 中 S3、S4、S5、S7、S8、S9、S11、S12 为中间层影响因素,L5 中 S1、S2、S6 为底层根源性影响因素,通过底层因素影响中间层因素,传递至表层因素,最终对老旧小区改造的效果产生影响。

(2)表层影响因素方面,包括 S10 协商组织过程、S13 协商结果落实、S14 协商监督反馈。目前老旧小区改造协商治理实践中,参与协商的各方主体对 S10 协商组织过程反映最强烈,根据图 5-4 可以发现,因素 S1 至 S11 都会传导到 S10 协商组织。而居民更关心协商结果的落实与协商结果监督反馈,这与居民对老旧小区改造的初衷和对美好生活的向往紧密联系,但目前看到更多的是 S13 协商结果落实、S14 协商监督反馈,导致老旧小区改造成果未能达到居民的预期。S10、S13、S14 这三点都是目前老旧小区改造协商治理效果不理想的直观体现。

（3）中间层影响因素方面,中间层因素处于相互作用关系传导的过程阶段,既影响表层因素,同时又受到底层因素的影响。从 L2 至 L4 层,包括 S3 协商宣传引导、S4 协商牵头人、S5 居民、S7 社区社会组织、S8 协商载体、S9 协商制度、S11 改造项目、S12 协商推进过程。这八点在老旧小区改造具体的协商过程中都有涉及,如果小区没有自治组织或者处于政府托管状态,最常见的情况是小区即将开始改造,但是没有人牵头组织发起改造协商,最后由街道和社区去确定该小区改造方案;如果小区有人管理,又会出现面对政府出资改造小区的机会,居民改造想法多、期望高,希望一次性能改造完所有问题,然而这已大大超出该小区财政资金计划的范围,从而影响改造协商的结果和老旧小区改造的效果。

（4）底层影响因素方面,包括 S1 社区自身特征、S2 历史遗留问题、S6 物业管理单位。底层因素也是根源性因素,对中间层因素、表层因素有直接或者间接的影响。老旧小区由于建设年代久远,维修资金缺乏,协商条件不完善,历史遗留问题多,在产权单位相互扯皮的难题面前,老旧小区改造推进阻力重重。小区居民大多收入较低且老年人口数量多,缺乏物业缴费意识,长期依赖政府兜底保障,老旧小区改造协商治理在部分小区流于形式。2021 年 11 月,住建部实施城市更新行动,南京市入选住建部第一批城市更新试点城市。相较于过去大拆大建的棚户区改造而言,老旧小区改造难度更大。从解决问题导向出发,只有针对性地优化底层因素,才能从根本上推进老旧小区改造协商治理。

5.3　基于 MICMAC 的老旧小区改造协商治理影响因素优化对策

上文定性分析了老旧小区改造协商治理影响因素间的关系和层次

结构,有助于进一步研究各影响因素的特点。本章采用交叉影响矩阵相乘法(MICMAC)分析,通过定量计算影响因素的驱动力和依赖性,将影响因素分成自治簇、依赖簇、驱动簇、独立簇四类,找出管理和干预的重点,并提出针对性的对策建议。

5.3.1 影响因素 MICMAC 分析

5.3.1.1 MICMAC 法概述

交叉影响矩阵相乘法(MICMAC),在 1993 年,由 Duperrin 和 Godet 提出,是一种分析系统中各因子之间相互关系的系统预测方法,被用来识别驱动力、依赖性较高的变量。MICMAC 方法的核心思想是通过交叉影响矩阵的乘积来实现对系统的各要素的归类,计算出驱动力、依赖性,建立二维坐标图。

区别于 ISM 只能对因素间的相互关系做出分析,MICMAC 能够判断变量相互影响的程度。MICMAC 的分析结果通过区域图的形式表示,横轴为依赖性,纵轴为驱动力。驱动力是可达矩阵中一个因素可以到达的数量,也就是该因素所在行中"1"的个数;依赖性是可达矩阵中到达该因素的数量,也就是该因素所在列中"1"的个数。这样,可以把因素划分四个区域。即自治簇(Ⅰ区域)、依赖簇(Ⅱ区域)、驱动簇(Ⅲ区域)、独立簇(Ⅳ区域)。通常,MICMAC 会与 ISM 搭配分析,用 ISM 法建立多级递阶结构后,MICMAC 会继续利用可达矩阵 M,计算出驱动力值与依赖值,针对性的提出优化路径。

5.3.1.2 MICMAC 分析原理

MICMAC 法,采用矩阵乘法的数理逻辑,若元素 S_i 对元素 S_j 直接的影响大,那么元素 S_j 对元素 S_k 直接的影响也大,如果元素 S_i 发生了变化,那么 S_k 也会或多或少地受到影响,因此,元素 S_i 对 S_k 有着间接影响。

在结构矩阵中,元素 S_i 到 S_k 之间,有很多的间接关系。但是,在运用直接关系法时,往往没有把它们考虑在内,而是用矩阵的幂运算来确定。通过对矩阵作平方计算,可以得出元素 S_i 与 S_j 之间的二阶关系。同样,如果按顺序把矩阵乘 n 次,则可以发现各元素之间有 n 阶关系。每次迭代后,都会产生一种新的指标层次,并据此划分该系统中各因素的类别。而当矩阵的乘积迭代到一定的程度后,在下一个迭代中反复得到前一次矩阵乘积的结果,此矩阵既存在于行元素中,又存在于列元素中,那么称为稳定间接矩阵。很明显,可达矩阵 M 是 ISM 法中的稳定的间接矩阵。MICMAC 分析通常与 ISM 相结合,在获得可达矩阵 M 后,再进行 MICMAC 分析。

(1)驱动力 – 依赖性计算

根据可达矩阵 M ,求出了系统中各个要素的驱动力与依赖数值;随后,将其在相应的位置上做标注,从而画出驱动力 – 依赖关系分布图。

用 $M = (m_{ij})_{n \times n}$ 来表示可达矩阵,D_j 表示驱动力,R_i 表示依赖性,它的计算公式,见式(5.3.1):

$$D_j = \sum_{i=1}^{n} m_{ij}(j =1,2,...,n)$$

$$R_i = \sum_{j=1}^{n} m_{ij}(i =1,2,...,n)$$

(5.3.1)

(2)驱动力 – 依赖性绘图

MICMAC 法最重要的工作,是通过计算各因素的驱动力和依赖,寻找到管理和干预的重点。在此情况下,通过计算驱动力,依赖大小,划分要素类别。根据 MICMAC 法的原理,取各要素数值的平均值为基准,以依赖性为横轴,驱动力为纵轴建立直角坐标系。这些要素可以分为四个主要的类别:

①自治簇(Ⅰ区域):它是由自治要素构成的,它的驱动力及依赖都小。通常与系统相关度不高;

②依赖簇(Ⅱ区域):它是由依赖要素构成的,它具有更大的依赖性,但更少的驱动力,这是由于其他要素互相作用;

③驱动簇(Ⅲ区域):它是由驱动要素构成的,它的驱动力及依赖都大。这些要素有关的任何行为变化都会对其他要素造成影响,并且对它们本身也会造成影响,而且是不稳定的;

④独立簇(Ⅳ区域):它是由独立要素构成的,它具有更大的驱动力和更少的依赖性。这些要素不依靠其他要素,它们有着强烈的驱动力,

而在整个体系中,它们往往是最重要的要素。

在 MICMAC 方法中,为了使结果的分布更为清楚,基于已计算出驱动力值与依赖值,将它们的位置标注在散点图中。其区域表示,如图 5-5 所示。

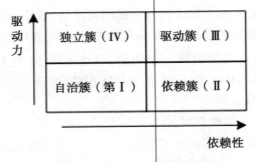

图 5-5   要素驱动力 – 依赖关系分布图

5.3.1.3 影响因素驱动力与依赖性计算

为了研究各个影响因素在老旧小区改造协商治理过程中的地位和作用,我们在 ISM 法确定的可达矩阵 M 基础上,利用交叉影响矩阵相乘(MICMAC),计算各因素之间的驱动力、依赖值,并划分四个区域;自治簇(I 区域)、依赖簇(II 区域)、驱动簇(III 区域)、独立簇(IV 区域)。

表 5-12   影响因素驱动力与依赖性汇总表

因素	S1	S2	S3	S4	S5	S6	S7	S8	S9	S10	S11	S12	S13	S14
驱动力	12	9	10	8	7	9	3	2	5	1	4	3	2	2
依赖性	1	1	2	4	6	1	3	9	3	11	7	7	11	11

影响因素的驱动力与依赖性,可根据可达矩阵 M 计算,计算结果如表 5-12 所示。驱动力为可达矩阵 M 每行的和,依赖性为可达矩阵 M 每列的和。要素驱动力强表示该要素可以推动其他要素,要素依赖性强则表示要素容易受到其他要素的影响和推动,MICMAC 分析图,如图 5-6 所示。

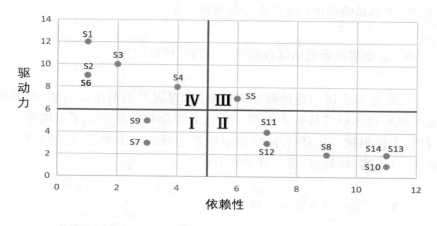

图 5-6　影响因素驱动力 - 依赖关系分布图

5.3.1.4 MICMAC 结果分析

根据 MICMAC 计算结果分析：

（1）自治簇（Ⅰ区域）的影响因素是 S7、S9，驱动力和依赖性都较低，在多级递阶结构图中处于中间层。其中 S9 驱动力较高，依赖性较低，其对上层有较大影响作用，需要予以关注。

（2）依赖簇（Ⅱ区域）的影响因素是 S8、S10、S11、S12、S13、S14，依赖性高，驱动力较低，表明当它下层的问题解决后，其问题就随之解决。这六个因素分别位于多层递阶结构图的中间层和表层，会影响协商结果的落实，从而影响老旧小区改造效果，需要建立协商流程机制，进行优化。

（3）驱动簇（Ⅲ区域）的影响因素是 S5，具有较强的依赖性和驱动力，在 ISM 模型分析中属于强关联影响因素，处于多层递阶结构图的中间层，该因素受到根源性因素的影响，也间接地影响表层因素。在协商治理及老旧小区改造实施过程中，主体参与积极性不高既影响协商议题的确定，又影响老旧小区改造实施的推进，对老旧小区改造的整个过程起着至关重要的作用，是优化重点。

（4）独立簇（Ⅳ区域）的影响因素是 S1、S2、S3、S4、S6，处于多层递阶结构图的第四、第五层，是根源性影响因素。独立簇驱动性较强，依赖性较低，在系统中有很强的影响力。这五点在老旧小区改造协商治理推进过程中都是难啃的"硬骨头",应该被最先优化。

5.3.2 南京市老旧小区改造协商治理的优化对策

优化老旧小区改造协商治理的痛点,对提升老旧小区品质,增强居民获得感和幸福感具有重要意义。上文结合 ISM 法绘制了多级递阶结构图,下面根据 MICMAC 法将影响因素划分的四个类型,即独立簇、驱动簇、自治簇、依赖簇,提出针对性的对策。

5.3.2.1 基于独立簇区域的对策

独立簇区域影响因素包括 S1 社区自身特征、S2 历史遗留问题、S3 协商宣传引导、S4 协商牵头人、S6 物业管理单位,位于多级递阶结构图底层,驱动力强、依赖性低,是根源性影响因素,需要最先优化。优化对策如下:

(1)加强社区协商氛围的营造和协商宣传的引导

营造协商氛围。南京市老旧小区大多是房改房、集资房,过去一直是单位制管理模式,居民一直是被动接受单位后勤的管理,对无关自身利益的公共事务漠不关心,大家的做法是自扫门前雪,致使社区协商民主议事氛围不浓厚。治理理论,注重多元主体的参与;而协商民主理论,则主张多元治理主体的参与要合理化、广泛化、求同存异。因此,社区在此基础上营造"遇事就协商,有事多商量"的协商氛围非常必要,发挥居民的责任感与能动性,充分调动其参与管理的积极性,丰富协商形式,让居民有兴趣地参与到社区改造协商中。良好的协商氛围,让社区民众主动参与,才是推动协商治理发展的基础。

加大协商民主理念引导。目前互联网信息交流方便,使用微博、微信的居民众多,开展线上宣传,方便高效。通过制作协商宣传推文,让年轻人对协商有初步了解。制作老旧小区改造协商宣传视频,在社区电子屏幕循环播放,中老年业主接受起来更直观、更方便。加大对南京市老旧小区改造协商成功经验的分享,宣传典型做法,强化居民主体意识,引导他们表达自己的观点,并鼓励他们积极参加讨论,为社区协商和议事创造良好的邻里场景。相互尊重,彼此理解,在协商中解决居民的困扰。

丰富协商内容。老旧小区改造,复杂繁琐。协商改造项目,不一定只局限于政府的宣传,居民也可以集思广益,提出自己的观点和想法。小区哪里需要出新、怎么修,居民自己最了解。是增加晒台,还是添加健身锻炼器材,让居民们提想法、谈思路、出方案,请专业人士来参与讨论评估。

（2）梳理现状,挖掘社区内部资源

理清社区的问题。老旧小区目前住户群体大多为老年人和外来租户,人员混杂,流动性高,管理难度大。老旧小区老楼背后是产权关系无比复杂的老单位,存在大量历史遗留问题,新旧问题交织,涉及各方利益。面对复杂现状,要联合街道理清产权单位,梳理小区目前的产业,核算社区营收。找出小区目前存在的问题,摸清家底,列出改造清单,谋划推进下一步改造工作。

培育社区精英。在社区协商的前期阶段,居民参与意识不强和协商资源尚不充分,社区精英参与协商,将会对居民参与产生正确的引导。社区居民能够以邻里交流为契机,开展宣传活动,动员宣传、收集资源、化解矛盾,认可其身份和在社区的地位。社区工作人员、业主代表、楼栋长、社会组织成员都可以是社区精英,为老旧小区改造协商献计献策。

挖掘社区社会资本。南京市老旧小区改造费用为政府资金,不需要居民掏钱,但改造项目也只是基本改造。基于公众参与理论,小区可以在政府的支持下,通过自行筹资、企业资助等途径拓宽筹资渠道,辅以小区义工队伍、志愿者活动等方式,降低成本,筹集资金可以用于增加小区需要改造的公共设施项目。其次,小区还可以与驻区单位、小区个体经营商户等紧密联系,动员他们也参与到小区改造协商中,积极推动小区改造协商。

（3）推动社区居民协商培训,强化社区居民参与意识和能力

提升参与意识。由于老旧小区人员构成复杂的原因,居民参与意愿不强,提高居民参与意识是推动老旧小区改造协商的基础。首先,要选择合适的老旧小区改造议题,激发居民的参与意愿。议题是居民诉求的反映,议题与居民密切相关,居民才会有动力去参与其中。其次,社区协商由居民提出议题,确保议题的公共性,增加选题与居民的利益相关度。然后,开展相关主题活动,有针对性地宣传动员。举办相关主题讲座,让居民在知识普及的过程中,增强意愿。对于积极参与的居民可以发放小礼品,对居民的参与积极性予以认可,培养居民的协商治理素养。

加大培训力度。协商治理培训，要多点开花，同步开展，不仅仅要培训居民，还要培训街道、社区的领导干部、普通干事。只有对基层管理者进行普及教育，才能从意识形态上确保宣传教育工作，不走形，不跑样。协商议事活动开展过程中有各种各样的问题，基层政府管理者的教育培训，可以为协商议事活动开展提供政策支持和资金保障。协商主体的参与水平，离不开高质量的培训学习。对于街道、社区培训学习，可以与其工作绩效相挂钩，促进工作人员积极参与培训，保证培训学习质量。对于社区居民，我们将培训从纸上的文字，搬到墙上的展板图片，搬到儿童的课堂，做到从孩子到老人都知道，遇事要协商。将协商精神融入社区的氛围中，培养居民养成协商意识。

给予专业指导。在老旧小区改造协商议事的过程中，从议题确定到公布协商成果的整个过程，都要有懂协商、会协商的人来参与，推动协商。提升社区骨干人员的协商能力，才能将协商治理落到实处。首先，引入专家，建立社区协商治理制度，邀请南京市老旧小区改造协商治理的示范小区骨干来交流分享经验，引导居民规范化协商方式。其次，动员社区业委会代表、议事会代表、楼栋长带头学习，提高社区老住户的协商水平。最后，在周末开展老旧小区改造协商主体的社区活动，宣传南京市老旧小区改造的政策，普及协商的知识，推进老旧小区改造民主协商的日常化。同时，也可以采用匿名方式，收集那些难为情、不敢说、却确实困扰着居民的问题。但是，匿名发言，会让一些人口无遮拦，乱说一气。因此，需要对居民进行协商培训，做到理性倾诉。

（4）明确主体定位，理顺主体关系

明确参与主体定位。明确参与主体的职能定位，有利于街道、居委会、议事会等认识到自己的定位。在老旧小区改造协商中，街道是宣传落实改造方针政策的主体，承担改造计划的上报，改造资金的分配等任务。居委会是承上启下的关键，向下要落实政府政策，向上要反馈居民的诉求。社区居委会的纽带角色，适合作为牵头人，联系各方主体参与老旧小区改造协商。议事会是老旧小区改造协商的主体，不仅要确定居民反馈的议题，还要监督协商结果的落实。各方职责不同，发挥的作用也不同，要根据议事协商制度，做到既不越权，也不缺位。

理清各方关系。目前，街道办和居委会工作界面和关系重叠，原本是街道办的工作，通过压担子、签订目标责任书的形式转移给了居委会，大大增加了居委会的工作负担。居委会本该做好协调小区改造协商的事情,但由于精力有限,居委会没有充分协调老旧小区改造,导致老旧小区改造的问题在实施过程中暴露出来。因此,要按照协商议事流程落实,做到"政府主导,社区联动,居民参与"的局面,让参与各方为老旧小区改造赋能。

（5）正确认可物业公司地位,达成平等协商伙伴关系

引导老旧小区居民物业缴费意识。根据调研了解,南京市 2021 年改造中的老旧小区,很多小区没有市场化的物业公司,政府物业公司维护小区日常保洁。由于老旧小区居民群体收入普遍不高、小区产权结构复杂,小区居民物业缴费意识不强,私企物业公司运营难以为继、撤场离开。此次借助 2021 年南京市政府开始推动"我为群众办实事"的工作实践,实行老旧小区物业全覆盖。为了使老旧小区管理能够长效、可持续,贯彻"政府支持、国资托底、市场运作"理念,结合小区情况,制定合理的物业收费标准,宣传引导居民按时缴纳物业费,最终达到"扶上马,送一程"的美好愿景。

政府加强对物业公司的指导,细化物业管理规定。一方面,由于注册物业公司门槛低,审核简单,物业行业竞争激烈,物业公司利润微薄,物业公司在投标时,夸大业务范围和服务标准,导致居民对物业公司的服务有过高的预期;而当物业进驻后,物业公司服务与之前描述相背离,居民与物业公司间的矛盾越积越深。另一方面,老旧小区业委会成立比例低,物业监督权力缺位,物业管理品质确实不高;且业委会的成立和运作属公益无偿行为,其成员不可能牺牲太多的时间,即使有时间参加业委会,大家也不愿在履行监管职责上"唱红脸",导致业委会监督效果大打折扣。

各级政府要加大监管和引导力度,适时制定相应的法律、法规,以适应新形势,及时应对处理,减少和降低影响。基层街道要加大对物业公司的监管和考评,同时进行物质和精神上的奖励,以表彰先进、惩戒落后的方式,激励公司的内在动力,推动企业的良性发展。物业行业协会将进一步强化监督和培训,并严格遵守有关的物业法规,使物业公司真正提供质价相符、人民满意的服务。

南京市老旧小区物业经营长期依赖区政府财政补贴,维持公司正常经营。基层政府始终掌握着话语权,物业公司很容易附和于基层政府,听从其安排和要求,老旧小区改造方向往往是为了达到上级主管部门考核要求,与小区实际情况相背离。基于协商民主理论,要改变这一现状,

就必须在前期的协商宣传活动中,把协商主体的平等协商地位纳入到宣传工作的主要内容中,并以多种方式开展宣传、教育,使其认识到平等的重要性。

5.3.2.2 基于驱动簇区域的对策

驱动簇区域影响因素是 S5 居民,其驱动力与依赖性都较高,位于多级递阶结构中间层,是影响因素相互作用关系传导的过程阶段,牵一发而动全身,在老旧小区改造协商治理过程中影响程度大,其重点在于,充分调动各方主体参与协商。优化对策如下:

培育社区社会资本。社区是居民参与社会生活的场所,社区的社会资本是由社区空间、社区文化和邻里关系组成的,具有信任、规范等特征,能够推动居民参与老旧小区改造协商。首先,打造社区公共空间,为居民提供休闲娱乐的场地,促进居民间的交流,可以是文体活动室,也可以是社区中心广场、小区凉亭。其次,推进社区文化建设,现代城市社会生活节奏快,居民相互联系日益减少,我们以社区改造为契机,建立社区文化,发展积极分子参与活动,从而推动更多居民参与改造协商。最后,发掘社区人才,将其培育成为社区骨干。社区是由一个个家庭构成的,人与人接触的过程会相互影响,社区人才拥有一些特长和能力,社区人才成为社区骨干后,会拥有较高的服务热情和意识,为小区改造贡献力量。

降低居民参与成本。居民参与社区协商要花费一定的时间和精力,这是居民参与度普遍不高的原因。为了提高居民的参与程度,我们必然要降低居民的参与成本。近年来,随着互联网的发展,信息沟通方式越来越便捷,目前许多社区也已开通了微信群、物业管家 App 等方式发布社区信息,使社区居民能够方便、快捷地参与协商。根据过往居民参与小区改造协商的阻碍中可以得到启示,第一,改造项目要契合居民日常生活痛点。第二,协商参与方式线上线下相结合。由于大部分居民白天工作上班,所以采用线上统计居民诉求;将居民诉求在线下协商议事会上面对面交流、举手表决,更易得到一致意见。第三,避免重复讨论。协商结果及时记录、公布,避免由于讨论周期过长,居民重复讨论之前已讨论过的议题,从而提高议事效率。

创新激励机制。社区组织活动参与,大多是义务性质,没有任何报酬,给予居民激励,能促进和保障居民参与老旧小区改造协商。人们的价值感、满足感通常来源于物质和精神两个方面,面对不同的居民,激励方式也要因人而异。面对经济条件一般的居民,给予一些物质补偿,能够保证其参与的意愿;面对文化程度较高,经济条件不错的居民,采取荣誉表彰,树立模范的方式。总的来说,激励措施应以精神激励为主,物质激励为辅,激发居民参与改造协商的责任感与使命感。通过有效互动,找出社区目前的痛点和居民的公共利益,并选取适当的激励措施,以调动其积极性,促进社区的可持续发展。

5.3.2.3 基于自治簇区域的对策

自治簇区域影响因素是 S7 社区社会组织、S9 协商制度,其驱动力与依赖性都较低,其中 S9 驱动力较高,依赖性较低,需要进行优化。结合协商治理调研中的专家观点,社区居委会的纽带角色,适合作为牵头人,联系各方主体参与老旧小区改造协商。同时建立社区议事会,由议事会组织老旧小区改造协商各项工作的开展与落实。下面从收集问题、拟定议题、协商讨论、协商结果公示、改造项目实施、项目施工监督、成果公示反馈等各环节出发,建立老旧小区改造协商治理流程机制,形成闭环管理流程。通过建立协商流程机制,影响因素 S11 改造项目、S12 协商推进过程也得到了优化。优化对策如下:

建立老旧小区改造协商治理流程机制。根据访谈了解到,老旧小区改造近两年开始大规模展开,但是基层社区居委会和社区并未建立起科学合理的协商流程,从而出现改造协商流于形式、参与主体不会理性协商的情况。同时,老旧小区改造由于持续时间长,改造完成后,由房管局安排验收;验收合格后再支付施工单位工程进度款。但居民们未参与到改造施工的监督,在调研中居民对于改造效果仍然有很多意见,最终导致老旧小区改造效果不达预期。因此,建立老旧小区改造协商治理流程,可以使老旧小区改造协商有章可循,也可以保证小区后续改造和维保的协商可持续。如图 5-7 所示:

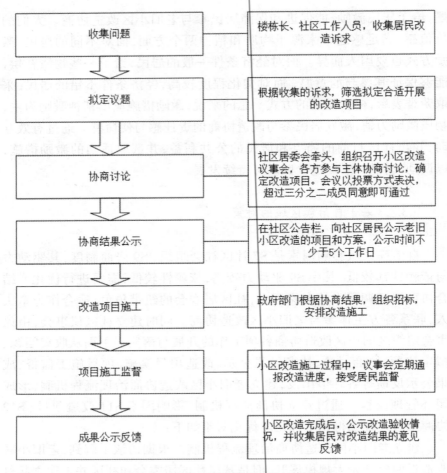

收集问题	楼栋长、社区工作人员，收集居民改造诉求
拟定议题	根据收集的诉求，筛选拟定合适开展的改造项目
协商讨论	社区居委会牵头，组织召开小区改造议事会，各方参与主体协商讨论，确定改造项目。会议以投票方式表决，超过三分之二成员同意即可通过
协商结果公示	在社区公告栏，向社区居民公示老旧小区改造的项目和方案，公示时间不少于5个工作日
改造项目施工	政府部门根据协商结果，组织招标，安排改造施工
项目施工监督	小区改造施工过程中，议事会定期通报改造进度，接受居民监督
成果公示反馈	小区改造完成后，公示改造验收情况，并收集居民对改造结果的意见反馈

图 5-7 老旧小区改造协商治理流程图

5.3.2.4 基于依赖簇区域的对策

依赖簇区域影响因素包括 S8 协商载体、S10 协商组织过程、S11 改造项目、S12 协商推进过程、S13 协商结果落实、S14 协商监督反馈，这些因素是老旧小区改造协商实践中可以直观感受到的。其位于多级递阶结构图表层，依赖性强、驱动力弱，当下层因素被优化后，依赖簇因素随之发生变化。优化对策如下：

（1）加强协商平台管理

充分发挥线下协商。社区的治理中，线下协商是主导，常常有恳谈会,谈心会等。老旧小区改造协商,可以沿用过往的线下协商平台,但又有区别。基于协商治理理论分析,在协商形式上,首先,要传达政策、解释文件,为居民做好南京市老旧小区改造的政策宣传与解读。其次,要走到群众中去,听民情冷暖,真真切切地了解居民的诉求,贴近居民生活。最后,要汇集民智,倾听民声,开展协商,拜居民为师,让小区改造贴近人心。在协商主体方面,要做到"党员主导,业主代表议事,楼栋长汇集诉求,居民参与改造",加强联系,扩大居民参与改造的影响力。

规范线上协商。线下议事会协商改造过程,形式正式,居民重视程度高,协商效果好。但是,"上班族"不能及时参与,我们可以借助线上社交平台作为补充,方便居民参与。目前,社区维修群、社区团购群、社区折扣群等,群多且混乱,基本成为居民反映问题,吐槽抱怨的出口,未能起到协商功能。我们需要建立正式的小区改造协商社交群,做到户户入群,并且安排管理员,专人管理,确保居民的诉求得到理性的表达。改造前,及时将改造信息在群里提前通知,让居民了解议题,发起改造项目投票,扩大居民参与;改造后,将结果及时公示,线上线下同时告知。通过对线上协商平台规范化管理,可以有效地保证居民诉求的汇集,调动他们积极参与协商。线下协商,线上补充,多措并举,面对面交流,能更好地推进改造进程。

防止协商形式化。小区改造协商尽量连接居民、社区、街道、物业、社会组织,形成多元主体参与。同时,公众参与理论强调,要实现协商主体的平等参与,必须使各方在参与协商过程中,都能享有平等发声的权利。协商平等机制,可以避免上级政府、街道等行政化影响,防止政府"一手操办",出现形象工程。在调研过程中发现,部分社区的协商平台有名无实,存在协商会议形式化现象。有的仅仅是为了跟形式、做宣传、凑数而建的平台,并无实用。为了避免协商流于形式,通过上述建立健全协商流程,加强监督,保障主体参与。

（2）培养工作人员的组织能力

提高政府部门组织协调的能力。小区改造协商的重点在居民、居委会、物业这三方的协商,但是政府发挥的作用也不容小觑。区房管局、街道办城建科、社区旧改办在老旧小区改造协商推进过程中,发挥着主导作用。政府部门的组织与协调能力应该放在首位,对于政府部门而言,要统筹安排小区改造进度的推进。房管局、街道办可以邀请设计单位,施工单位人员参与小区协商议事会,听取居民的需求。把南京市老旧小区改造的政策、文件根据小区具体情况做解读,与居民分享,制订可行的改造方案。与此同时,政府还应注意避免政绩工程、形象工程导向改造,禁止出现行政性任务,要赋予居民自主权,真真切切地解决居民的生活难题。

提高社区工作者的协商组织能力。区政府要定期开展旧改办人员的业务培训工作,讲解南京市老旧小区改造的政策、流程。组织工作人员去老旧小区改造效果好的社区交流学习,也邀请改造典型小区的工作人员来分享经验,提出改进建议。通过经验交流,推进提高老旧小区改造协商的质量。对于部分老旧小区让社区民政工作人员兼任老旧小区改造协调人的情况,一定要给予补贴。在做好工作的同时,不能给兼职同志增加太多工作负担,调动工作人员积极性,让改造协商工作效果不打折扣。

(3)强化协商结果落实与监督反馈

树立前瞻意识,力争做到“只改一次”。老旧小区改造,涉及面广,任务繁杂,应以问题为导向,考虑到目前改造与后期养护的实际需要,改造计划要考虑长远一些。既要考虑地上设施改造,也要考虑到地下隐蔽工程的配套,燃气、供水、排水等方面力争一次考虑到位。优先考虑停车位增设、公共活动空间拓展、无障碍设施配套等老旧小区改造过程中的居民痛点,做到标本兼治,改善小区面貌,提升居民生活品质。避免“今年改电,明年改水,后年改气”“年年修,年年改,年年成工地”“拉链式修路”等扰民式施工。

建立协同意识,最小程度影响居民正常生活。小区改造过程中,涉及到污水、自来水、供暖、强电、弱电等多项管网改造,改造项目多,施工周期长。地上地下老旧线路错综复杂,设备老化,施工难度特别大。改造施工时,要错峰施工,避开居民做饭、洗澡、休息等时间段,为了最大限度做到不影响居民正常生活,各项改造工程需要优化施工组织设计,做到既不影响居民生活,也不拖延改造施工正常进度。大规模施工时,还要协同居委会、业委会、物业,为居民提供临时停车场,解决小区改造“过渡期”停车难题。

改造施工方还要联合街道、社区、业委会、物业等,明确各方主体责任人,设置醒目的施工信息公示牌(包含改造项目、责任人姓名、联系电话)。如有必要,安排专人负责现场沟通管理,联系楼栋长,社区工作人员,做好施工协调,提前通知居民挪车、路面开挖、封路施工等影响居民生活的改造项目,并做好交通组织和应急预案。做到下足"绣花功夫",通社区"毛细血管",推动老旧小区蝶变重生。

统筹协调,强化质检,及时反馈。老旧小区改造涉及的供水、供电、雨污分流等工程项目均为隐蔽工程,实际调研过程中发现,仅仅依靠监理单位监督施工还不够,需要统筹街道办建设科、居委会、业委会,动员懂技术的小区居民参与监督,对改造项目材料进场、施工质量不定期抽检。避免重复施工,反复开挖,确保施工质量和进度。改造后出现的质量问题,要会同街道办建设科、施工单位做好维修工作。小区改造施工完成后,社区议事会积极参与区住建部门的工程验收环节,并将小区改造成果、工程施工验收结果,及时向居民公示,请议事代表打分,以居民满意度来考核老旧小区的改造成效。

5.4　本章小结

近年来,国务院和江苏省都在大力推进老旧小区改造,改造成果显著,但是改造实施过程中还存在一些不足。本研究通过调研 2021 年南京市老旧小区改造计划中的小区,借助半结构化访谈,运用扎根理论归纳出影响老旧小区改造协商的因素,然后划分影响因素层次结构,绘制出影响因素驱动力 – 依赖性分布图,将影响因素分成四类,并提出优化老旧小区改造协商的对策。本章的研究结论主要有:

(1)本章通过分析国内外老旧小区改造、协商治理方面的文献,将我国现在所处的阶段与西方发达国家已走过的历程相比较,明晰了我国城镇化目前处在从增量新建向存量改造转变的阶段,同时将英美国家的发展过程作为我国的经验借鉴,表明未来社区改造建设的方向是以人为本,各方参与,推进城市可持续发展。

(2)通过实地调研、半结构化访谈,借助扎根理论总结归纳出影响老旧小区改造协商治理的 14 个因素。在此基础上,邀请老旧小区改造协商议事有经验的人对影响因素进行打分,建立矩阵关系,采用 ISM 法分析影响因素间的相互作用关系和传递路径,并将影响因素划分出三个层级,分别是底层、中层、表层,其中底层因素是管理和干预的重点。

（3）通过运用MICMAC法，计算各因素的影响程度，绘制驱动力–依赖关系分布图，将影响因素分成四类，并结合影响因素的三个层次，提出针对性的对策建议。其中，独立簇和驱动簇的影响因素驱动力强，是优化的重点，采取强化协商宣传，提高居民参与意识，明确政府主体定位等措施优化；其他因素可以通过建立老旧小区改造协商治理流程机制，加强协商平台管理，强化协商结果落实与监督反馈等辅助手段保障老旧小区改造协商的推进和协商成果的落地，从而使老旧小区改造效果得到群众的认可，切实提高群众的生活环境质量。